站城一体开发 II
TOD 46 的 魅［RECIPE］力

INTEGRATED STATION-CITY DEVELOPMENT
46 ATTRACTIONS OF TOD 日建设计站城一体开发研究会 编著·译

辽宁科学技术出版社

·沈阳·

目录

4 标志
Symbol　　130

5 个性
Character　　162

对未来TOD的思考
Future of TOD　　184

城市的未来　车站的未来

建筑家·东京大学名誉教授

内藤广

20多年来，我参与过多个与车站相关的工作：担任过行政委员会的委员（东京站丸之内站前广场，涩谷站周边，新宿站周边，名古屋站周边），也做过顾问（富山站南口站前广场、品川新站周边、越前铁道福井站）、设计监修（高山站自由通道和站前广场）、设计者（港未来线马车道站、旭川站、日向市站、高知站、德山站大楼、银座线涩谷站）。参与的程度深浅皆有，参与的方式也千变万化（其中的东京站、涩谷站、新宿站、名古屋站、品川站在本书中被称为TOD模式）。

一般来说，车站项目中涉及的部门众多，为了实现项目所做的安排也非常繁复。因此，就需要制定一个不会轻易被动摇、更改的设计策略。其次，相比较普通的项目，车站项目从设计到竣工所花费的时间更久。通常一般的公共建筑，从开始设计到竣工，长的也不过5年。但是在与铁路相关的建设中，大部分都需要耗费10年以上：旭川站用时20年，日向站用时12年，连高知站也用了7年。因此，一个不被潮流左右，能够经受漫长时间考验的规划或设计方案不可或缺。

另外，由于开发工程多位于轨道线路上方，一旦建成就不易改建。能够承受百年以上的风雪侵袭，也是车站建筑的一个必要条件。也就是说，相比一般的建筑，铁道设施的生命周期更为绵长，而同时又与城市的成长周期相吻合。从这个角度来看，车站可以说是一个时代中与城市共生的存在。

以我个人所参与项目的经验来说，位于城市中的车站，是一个潜藏着巨大可能性的公共空间。以新宿站为例，这个世界上最大的车站拥有日均377万的乘降人数。在所有的公共设施中，车站蕴含的公共性可以说是最大的。但令人遗憾的是，在建筑领域令世界称赞的车站作品少之又少。这其中的一个原因，可能是铁道工程的相关工作者多为土木专业出身，对建筑及设计所包含的信息和巨大可能性，他们中的大部分人都尚未察觉。

东京站项目虽暂告一段落，但涩谷站的开发正在如火如荼地进行。紧接着，新宿站以及为迎接中央磁悬浮开业而筹备的品川站和名古屋站的设计也蓄势待发。这些项目的开展，为亚洲城市之间的持续竞争提供了助力。建造能够代表城市的、令世界称赞的作品的竞争，也是从这里开始一决胜负吧。

国有铁道基地的所有权原本都属于国家，因此，在铁道民营化之后就需要制定新的规则。铁道事业法就是在1987年日本国有铁道民营化的背景下制定，其中对包含轨道在内的铁道设施的运营都有所规定。车站这种铁道设施，也受这个法律管辖。并且法律本身也格外严格。因此，从事铁道相关工作的建筑人员，在熟读建筑基准法之外，也务必要对铁道事业法有所掌握。

就像在学生毕业设计中经常出现的情况一样，我也常常听到诸如"还有这样的可能性吧"或者"建筑师还有很多可以考虑的吧"之类的想法。对此，我也并非不理解。但是铁道是城市和国家的基础设施，安全运行是它的使命，轨道的运维养护工作是头等重要的，也决不可随便。所以虽说铁道工程从业者对建筑和城市缺少些理解，但是他们的确也有自己的处境和考量。

但话说回来，在城市和地区间竞争日益剧增的今天，处在城市中心位置的铁道设施却也决不可以墨守现状。因为铁道需承担其相应责任的时代也逐渐到来。

城市中以车站为中心的巨大开发方兴未艾，开发手法之间也多有类似。在2002年实施的都市再生特别措施法的基础上，制定了"都市再生紧急整备地区"制度。自此铁道周边设施开发的一般做法即为：首先根据此"都市再生紧急整备地区"制度对规划进行整理，接着采取宽限容积率措施的，构建项目资金框架，建设超高层，最终改善包含车站在内的整体设施的现状。

大型的开发工程虽处处可见，不过可能在不久的将来，这些项目在发展时差距就会显现出来。现在的阶段就像是抢椅子或者捉鬼游戏一样，抢占先机的竞争已经开始。但是由于车站作为城市的核心基础设施会长久存在，因此以大型换乘枢纽车站为中心的开发，便在这场竞争中有着压倒性的优势，并且这种优势在未来也难以动摇。

但是同时，伴随而生的车站的社会责任也不可以被忽略。只注重追求开发的利益，便会造成城市的疲迷。反复无常的经济环境一旦低迷，即便是"社会基石"般的车站，也会受城市影响而呈现出发展上的差异。车站应该是引领城市发展的设施，因此应彰显出能够代表城市形象的品格和个性。

大约是20多年前，横滨港的地铁线——港未来线正准备兴建站点，而我被指名设计马车道车站。除此之外，还有其他几名建筑师，他们也分别被委员会分派了不同车站的设计。在第一次委员会大会上，设计者对各自的提案说明完毕后，一位委员要求发言。

当时站起来的是一位个子小小的、稍有些年纪的绅士。他先是对我们说道："从今往后，铁路应该和这个地区共存共荣。而我所想要建造的，就是这样的车站。"随后便深深低头致敬。肃然的声音和当时的姿态令我久久难忘。后来我才得知，他是当时掌管港未来线的横滨高速铁路局的社长——高木文雄先生（1919—2006）。在1976年到1983年期间，他一直担任国铁的总裁，并且领导了国铁的民营化。

车站应与地区共存共荣。但是仅牢记这句话，还是远远不够。在"城市更新"此起彼伏的今天，车站的定位应该更进一步。它还应成为地区的代表、地区的导向，因为它关系着城市的发展浮沉。

就像西瓜卡（Suica）改变了检票口一样，也许在不远的将来，检票口本身也会不复存在。仅仅凭借人脸识别或者身上携带的小芯片即可乘车，于是便不再需要刷卡进站的检票机器。如果这一天真的到来，车站也将不再是现在的模样，乃至其含义都会被重新定义。到那时便再无站内站外的区别，车站内的通道也好，自由通道也好都会有新的理解。届时，就像我们说的"车站融入城市"一样，车站和城市之间的界线就已经消失。如果我们把车站定为"百年之计"，那现在进行的车站设计就应该将未来的可能性也一并考虑在内。但即便现在，对于"融入城市的车站，应该是怎样？"这一问题，我们也尚无知晓。

内藤广（NAITO HIROSHI）

生于1950年。1976年毕业于早稻田大学大学院。先后工作于费尔南多·伊盖拉斯（Fernando Higueras）建筑设计事务所和菊竹清训建筑设计事务所。1981年成立内藤广建筑设计事务所。主要作品包括：海之博物馆、安昙野知弘美术馆、牧野富太郎纪念馆、岛根县艺术文化中心、富山县美术馆、虎屋赤坂店等。

城市更新和站城一体（TOD）

→ What's TOD?

泡沫经济的形成及破灭

回顾历史，20世纪80年代中后期到90年代初期，日本迎来了泡沫经济的鼎盛时期。泡沫经济的特征之一就是房地产和股票等资产价格的高涨。东京的地价暴涨至之前的6倍，直到泡沫经济破灭后才恢复到了其之前的水平（参照图T-1）。地价波动幅度远超近来原油价格的变动，据说峰值期山手线内的地价总额可以匹敌整个美国的土地价格。

该时期正值后现代建筑的全盛期。其后《日本泡沫经济遗产建筑百选》（桥爪绅也著，1999年NTT出版）等书籍陆续出版，在对泡沫经济时期的城市开发予以肯定的同时，也指出了其所具有的一些代表性的特征。在泡沫经济时期，推进城市开发是当时一种强有力的城市思潮，纽约、伦敦、东京——具有影响力的世界三大城市，同时推进了鼓励功能中心聚集的"Global City"（全球城市）以及分散城市功能的"Edge City"（边缘城市）两种开发

形式。此现象与其说是短期的小高潮，更多可以看作是两种最先进的城市开发时代现象。

泡沫经济时期城市开发的特征

● **从均质到差异**：摒弃作为工业化社会金科玉律的"合理性""功能性"以及所带来的"效率"（桥爪绅也）
● **项目内容的新颖性**：出现了以"海湾滨水区域"为代表，由"空间制作人"打造的戏剧性时空间（《泡沫的肖像》，都筑响一著，2006年ASPECT）
● **忽视基地条件**：因为大城市中心区域的租金高涨，因而开发时不再注重邻近中心商务区及轨道车站，多会优先考虑易取得和开发的土地

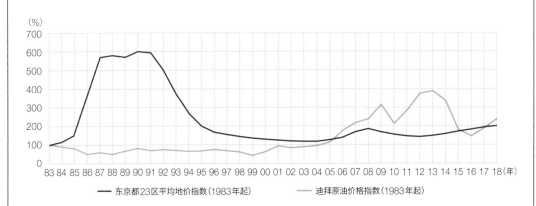

【图T-1】东京都23区的平均地价指数与迪拜原油价格指数的历年变化比较（价格为名义价值）。
泡沫经济时期东京地价的上涨比进入21世纪以来原油价格的暴涨还要迅猛。

TOD（Transit Oriented Development），站城一体化，是指不依赖私有机动车，以公共交通出行为前提而进行的城市开发或沿线开发。

以轨道建设为中心的土地和城市开发，在日本已有百余年的历史，TOD现已成为典型的开发手法。

为什么要再次谈及TOD？

泡沫经济破灭后至今，为满足东京2020年奥运会、残奥会的各项需求，

日本又开始重新规划城市未来。

此时令人不禁思考：对于当下的日本城市建设，TOD又意味着什么？

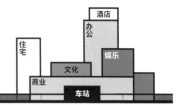

后泡沫经济时期的城市开发

泡沫经济时期推进的建筑和项目开发，很多在泡沫经济破灭后就被重建或废弃。后泡沫经济时期推进的城市开发与此形成了鲜明的对比（参照图T-2），主要的特征有以下几点。

【图T-2】泡沫经济时期的象征——旧日本长期信用银行总部大楼

后泡沫经济时期城市开发的特征

● **注重自身需求**：从泡沫经济时期的主观创造需求型开发转为客观的立足需求型开发

● **注重基地条件**：特别是在办公设施开发上，注重通往中心商务区的便捷性以及与车站的毗邻

● **中心地区的住宅开发**：大城市中心区对办公设施开发的偏重，导致居住人口减少。但随着泡沫经济破灭后的地价下跌，住宅开发收益得到了重新评估，同时结合政策的诱导影响，住宅开发和复合开发开始被推广开来。因而东京都中心地区的居住人口也相应出现回升的趋势（参照图T-3）

● **注重公共贡献**：地方政府的财政紧缩也导致非政府的城市开发项目成为城市建设的主流原因。因而，在开发项目的实施中更加注重通过提供更多的公共贡献以换取放宽规范限制的政策

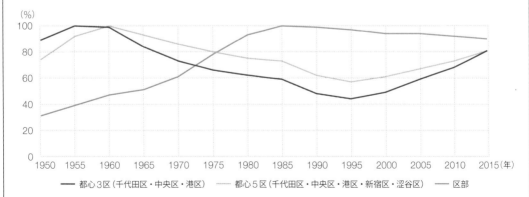

—— 都心3区（千代田区·中央区·港区）　—— 都心5区（千代田区·中央区·港区·新宿区·涩谷区）　—— 区部

【图T-3】东京都中心3区和中心5区居住人口指数的变迁。中心3区于1955年、中心5区于1960年达到人口高峰，随后人口呈减少趋势，在1995年中心3区减少到45%。之后人口逐步恢复，2015年达到峰值期的80%。

以TOD为中心的城市开发

后泡沫经济时期的城市开发更加注重的是城市开发的位置条件。以轨道为中心构成的日本大城市是以车站的重建、改良以及强化车站和相邻街区的连接为重要契机进行城市再开发的。因此，可以说TOD是必然的，大城市就是一个巨大的TOD集成体。

以TOD为中心的城市开发具有以下特征。

① 轨道设施的改良

为与新建轨道线路连接、改善换乘以及人行流线所进行的车站位置变更、老化设施的重建、修缮等建设，不仅囊括了轨道设施自身的改良，也将带动整个项目的实施推进。

② 城市基础设施的改良

除轨道设施之外，同时也将带动对公交车、出租车、私家车换乘用的交通广场、公交站的重新规划，以及对人行通道、连廊、广场等步行空间的升级改造等一系列改良。

③ 直通车站的站内以及相邻街区的再开发

通过利用车站用地内剩余的容积以及邻接街区的高密度开发，可以有效地抑制私家车出行，实现更加便捷舒适的城市基础建设。

④ 改善轨道对城市的分隔，提高步行圈的回游性

升级改造轨道线路上部空间、丰富连接车站和人行系统的步行网络、提供便利舒适的环境，消除轨道对城市的隔断，提高以车站为中心的城市回游性。

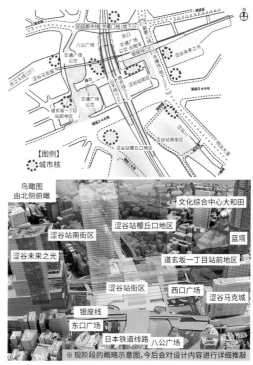

【图T-4】涩谷站的再开发是在将轨道设施、城市基础设施的重新规划和房地产开发有机统一后才得以实现的。

【图T-5】东京都的城市再生特别地区决定一览（截至2018年6月21日）。对象地区均为轨道交通便捷区域，这种开发就是TOD开发。

实现三赢"Triple-Win"的日本式PPP(官民合作)TOD模式

具有上述特征的TOD城市再开发，是将轨道、城市基础建设以及房地产进行一体化开发。在此情况下，为了项目实施，由官民双方共同出资设立特别目的公司(SPC)的情况较少，更多的是由各项目主体通过协调来推进各自的项目实施。

为了达成协议、确定职责分担、确保项目顺利实施，项目主体通常会有效运用"协议会""城市规划决定""项目协定书"等各种制度和手法。因此，可将TOD视为日本式官民开发(PPP)模式的一个典型。

轨道公司在同时推进轨道设施建设和房地产开发时，因轨道投资的一部分费用会通过房地产开发得以回收，所以可以将其理解为开发利润还原LVC(Land Value Capture)手法内的房地产开发。

如下所示，官民合作(PPP)的TOD开发，可以使官方部门、民间机构以及市民各尽其责，各自得益，是超越双赢(Win-Win)的三赢(Triple-Win)城市建设方式。

●**官方部门：在抑制私家车出行的同时，确保经济活动的活力，稳定城市的运营**

●**民间机构：增加投资机会、项目机会，并提高资产价值**

●**市民：提高交通便捷性、舒适性，以及促进"职**

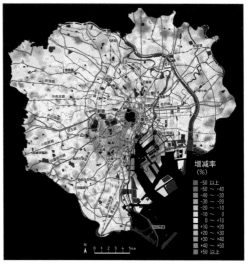

【图T-6】2000年到2017年，东京23区按容积率100%换算的平均地价上升了5.5%。此图显示了各地点的地价变化率及与此的差异，而TOD型开发实施区域的地价上涨十分显著。

住接近"

泡沫经济时期的城市开发，可以说是"规划理念高于甚至可以无视区位条件"，而TOD城市开发则反其道而行，不再只注重功能或利益，而是取其精华，很好地继承了打造丰富城市空间这一特色。

【图T-7】三木京王调布 铁道之路

【图T-8】大阪站前综合体 梅北广场

【图T-9】新宿高速巴士总站·JR 新宿米莱纳塔

【图T-10】东京中城 中城花园

TOD RECIPE 46

关于本书

→ About
TOD
RECIPE 46

在日本的TOD项目中，为了能够最大限度地发挥"以车站为中心"这一开发的优势，并使开发的负面影响降到最小，设计师们在上至城市规划的尺度，下至近人尺度中，都花费了很多心思。

本书就在五种尺度上对TOD必要的设计元素进行了分类。

同时本书就"TOD如何创造人气空间"这一主体，在五种尺度上对日本以及海外的TOD案例进行分析，并将最后的结论总结为46篇"菜谱"。

每篇菜谱都对各个案例的魅力点、空间尺度、三维尺寸、功能配置等进行了简明易懂的介绍。是一本从任何一处都可以开始阅读的书。

接下来，就让我们看看这本凝聚了TOD精华的菜谱集吧。

城市
Urban

在城市规划尺度上的构思
消除车站对城市肌理的分割
使城市的人气与繁荣最大化

公共空间
Public Space

在与车站交织的公共空间中
为了激发公共活动而进行的构思

流线
Circulation

通过流线的整理和空间的营造
流线空间不再是仅承担移动功能的乏味空间
而成为简明易懂，又趣味无穷的城市核心

标志
Symbol

创造令人印象深刻的外观
也创造令人难忘的车站空间体验
利用人的记忆
创造出区域的标志

个性
Character

在车站的碰头场所中
设置铜像、光幕演出、列车观景处
也设置萌得令人融化的吉祥物

车站地图

→ 作为TOD开发起点的车站

日本东京地区

京桥站
28 | P.116
是日本最古老的地铁线路——银座线的车站。目前整体路线都在进行翻新。作为东京站附近的办公街区，非常有人气。

东京站
3 | P.026 | 12 | P.056 | 13 | P.060
30 | P.122 | 32 | P.134
首都东京的玄关。受车站开发工作的带动，八重洲一侧的再开发在不断推进。

吉祥寺站
43 | P.170 | 44 | P.172
附近有绿植茂盛的井之头恩赐公园，且曾荣登"想要居住的街区"排行榜首位。虽然在郊外，但通往市中心的交通非常便利。

新宿站
21 | P.084 | 45 | P.174
是日本使用人数最多的车站，目前正在启动"新宿大型(grand)枢纽站"新构想。

银座站
42 | P.168
不论在什么时代都是流行的发源地。哪怕世界级的品牌也都希望在这里开店。银座站目前正面向2020年进行部分改造。

涩谷站
1 | P.020 | 2 | P.024 | 19 | P.078 | 23 | P.100
24 | P.102 | 34 | P.140 | 40 | P.164 | 41 | P.166
在八公前广场，全世界的游客蜂拥而至。此处正在进行以涩谷站为中心的"百年一度"的再开发项目。

东京都

京王调布站
10 | P.042 | 46 | P.176
是京王线和京王相模原线的分岔站，也是京王线的一个主要车站。车站的地下化带动了城市的一体开发。此处作为电影的街区非常有名。

二子玉川站
8 | P.038 | 16 | P.068
沿着多摩川，有着丰富绿植的住宅地区。随着再开发形成了以车站为中心，商业、办公、住宅共繁荣的街区。

六本木一丁目站
29 | P.118
在多有起伏的地形上建成的城市中心车站。周边分布有很多大使馆和公园，樱花盛开的时候游人络绎不绝。

高轮关口站
（品川新站）
33 | P.138
铁路、飞机、磁悬浮等方面的交通都非常便利。目前作为东京和国内外联系的新节点而被重点开发。

多摩广场站
9 | P.040 | 15 | P.066 | 38 | P.150
东急田园都市线的核心站。已围绕住宅地块进行了车站、商业和广场的一体化再开发。

横滨站
20 | P.082
随着东海道新干线，在多线路交点处设置的车站。在街区发展的同时，车站的重要性也逐步凸显。

港未来站
7 | P.036 | 22 | P.098
横滨港未来21地区的建设，是以基础设施与建筑的一体规划为基本方针的。

神奈川县

东京湾

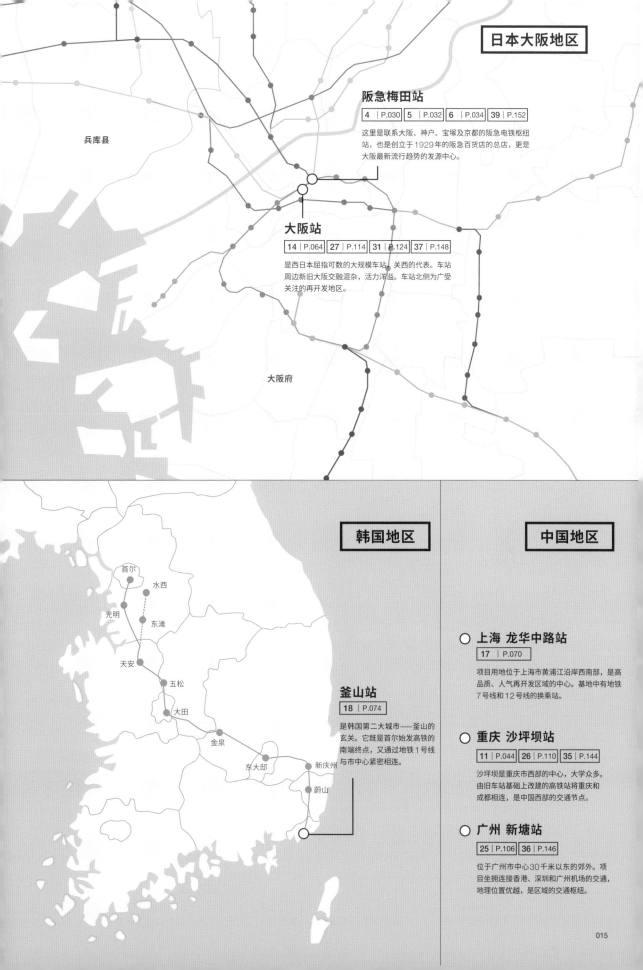

阪急梅田站

| 4 | P.030 | 5 | P.032 | 6 | P.034 | 39 | P.152 |

这里是联系大阪、神户、宝塚及京都的阪急电铁枢纽站，也是创立于1929年的阪急百货店的总店，更是大阪最新流行趋势的发源中心。

兵库县

大阪站

| 14 | P.064 | 27 | P.114 | 31 | P.124 | 37 | P.148 |

是西日本屈指可数的大规模车站，关西的代表。车站周边新旧大阪交融混杂，活力洋溢。车站北侧为广受关注的再开发地区。

大阪府

韩国地区

中国地区

首尔
水西
光明
东滩
天安
五松
大田

釜山站

| 18 | P.074 |

是韩国第二大城市——釜山的玄关。它既是首尔始发高铁的南端终点，又通过地铁1号线与市中心紧密相连。

金泉
东大邱
新庆州
蔚山

○ **上海 龙华中路站**

| 17 | P.070 |

项目用地位于上海市黄浦江沿岸西南部，是高品质、人气再开发区域的中心。基地中有地铁7号线和12号线的换乘站。

○ **重庆 沙坪坝站**

| 11 | P.044 | 26 | P.110 | 35 | P.144 |

沙坪坝是重庆市西部的中心，大学众多。由旧车站基础上改建的高铁站将重庆和成都相连，是中国西部的交通节点。

○ **广州 新塘站**

| 25 | P.106 | 36 | P.146 |

位于广州市中心30千米以东的郊外。项目坐拥连接香港、深圳和广州机场的交通，地理位置优越，是区域的交通枢纽。

→1

城市

[1 — 11] Urban

自1872年新桥站至横滨站之间开通了日本第一条铁道路线之后，日本城市近郊的铁道开发就由单纯的铁道开发，转变为了站城一体化（TOD）的开发。通过开发沿线住宅、商业设施，促进沿线地区与城市间的人口回游，从而推动铁道事业的进一步发展。

但是随着城市化的进展和铁道运输能力的扩大，横向扩张的大型车站导致了一系列的混乱：诸如对城市肌理的阻断、换乘动线愈加复杂、交通过于混乱等。

为了消除铁道开发的负面因素，从而实现城市长足的发展，我们正在进行以下的尝试：

① 促进流动（改善换乘流线、立体化利用车站上部及周边空间）；

② 消解阻断（构筑跨越铁道线路或街区的回游流线）。

另外，民间开发商通过与行政管理方合作，在寻求改善换乘流线等车站功能的同时，也探讨出了一种新的城市更新系统。这个系统通过营造车站与公共空间的积极关系，给城市注入人气，从而也带来了经济效果的变化，并进一步促进了城市的更新。

为创造以车站为中心的、充满活力的魅力街区，我们发现在城市尺度上有着多种丰富的规划手法。我们会在这一章针对这些手法进行详细说明。

简介
Introduction

涩谷 》菜谱 1·2

【图Ch1-1】

【图Ch1-2】

东京 》菜谱 3

大阪 》菜谱 4·5·6

【图Ch1-4】

横滨 》菜谱 7

站城之恋——
城市与车站协同成长

1

涩谷站

　　涩谷的城市开发以东急东横线和东京地铁副都心线的相互直通为起点，以东急东横线站厅及线路旧址的开发、站前广场、JR线及东京地铁银座线的铁道改良一体化整备为中心推进。

　　与东急东横线和东京地铁副都心线的相互直通相结合，旧东急文化会馆的用地改建成涩谷未来之光（Hikarie）。其后拆除地上的旧东急东横站厅和东急百货店东横店东馆。目前正在进行的是涩谷站大厦（涩谷Scramble Square）东馆新建工程和东口站前广场的整备。

　　涩谷站街区涩谷站大厦东馆的新建工程完成后，预计开始对西侧现存设施进行更新，一个时跨20年之久的涩谷全部街区滚动式开发计划正在进行。

　　另外，车站中心地区以及周边不断涌现的城市更新，构筑了今后50年，甚至100年的涩谷街区长远的发展计划。

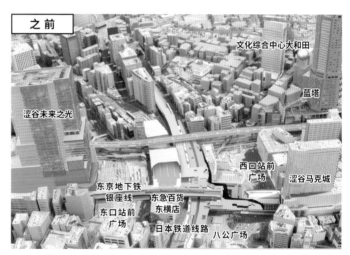

【图1-2】2012年（涩谷未来之光刚竣工后）的基础设施状况

【图1-3】2027年前后（涩谷站大厦中央·西馆竣工时）的基础设施状况

阶段1

（—2012年）

- 东急东横线线地下化、并与东京地铁副都心线相互直通运行

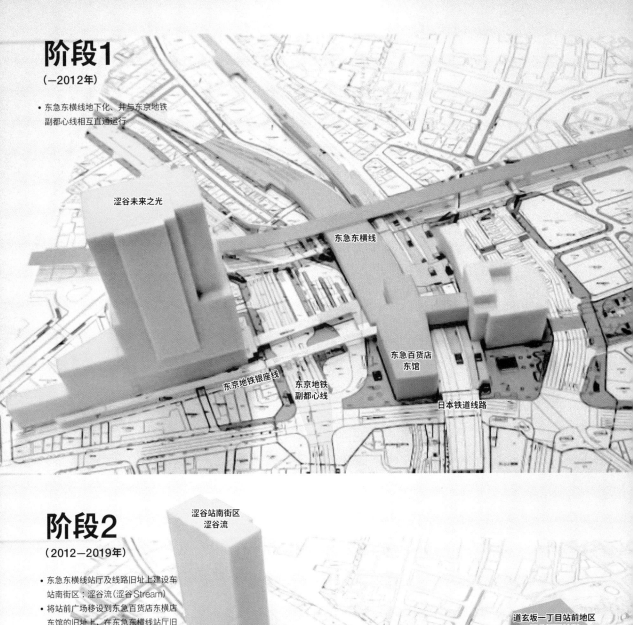

涩谷未来之光

东急东横线

东急百货店东馆

东京地铁银座线

东京地铁副都心线

日本铁道线路

阶段2

（2012—2019年）

- 东急东横线站厅及线路旧址上建设车站南街区：涩谷流(涩谷Stream)
- 将站前广场移设到东急百货店东横店东馆的旧址上，在东急东横线站厅旧址上建设车站街区涩谷站大厦(东馆)
- 包含东急Plaza涩谷区域的重新改建：道玄坂一丁目站前街区 涩谷福酷拉斯(涩谷Fukuras)

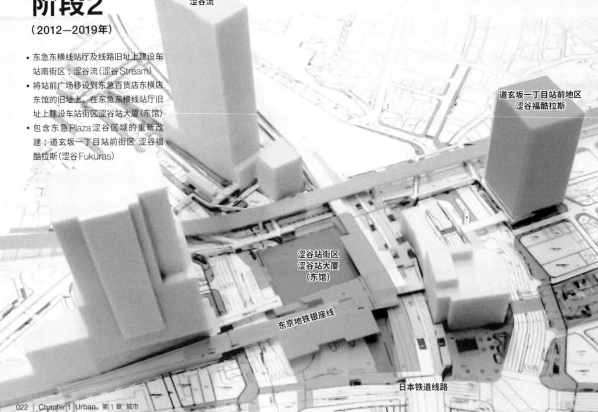

涩谷站南街区
涩谷流

道玄坂一丁目站前地区
涩谷福酷拉斯

涩谷站街区
涩谷站大厦
（东馆）

东京地铁银座线

日本铁道线路

阶段3

（2019—2023年）

- 2019年前后：道玄坂一丁目站前街区、涩谷福酷拉斯、涩谷站街区涩谷站大厦(东馆)竣工，涩谷樱丘口地区拆除工程开工

涩谷站街区
涩谷站大厦
（东馆）

【图1-4】涩谷站周边阶段图

竣工　施工中

道玄坂一丁目站前地区
涩谷福酷拉斯

涩谷站樱丘口地区

南馆

东急百货店
西馆

东京地铁银座线

东口站前广场

日本铁道线路

阶段4

（2023—2027年）

- 2023年前后：涩谷樱丘口地区竣工
- 2027年前后：涩谷站街区、涩谷站大厦(中央·西馆)竣工

涩谷站樱丘口地区

涩谷站街区
涩谷站大厦
（中央·西馆）

西口站前广场

东京地铁银座线
涩谷站

日本铁道线路

多赢机制——
制度改变车站，车站改变城市 2

涩谷站

在涩谷站周边地区的开发案例中，有许多利用"城市再生特别地区"制度，成功激发民间开发活力的城市开发案例。(参考48页专栏 1)

在城市再生特别地区中，除了通常城市设计中采用的"确保公共开放空间"的做法之外，"强化地区的薄弱功能"也可以作为"城市贡献"的评价对象。涩谷站街区以"交通枢纽功能的强化""引入提高国际竞争力的城市功能"和"防灾与环保"为贡献项目，争取到了"增加容积率"的奖励。

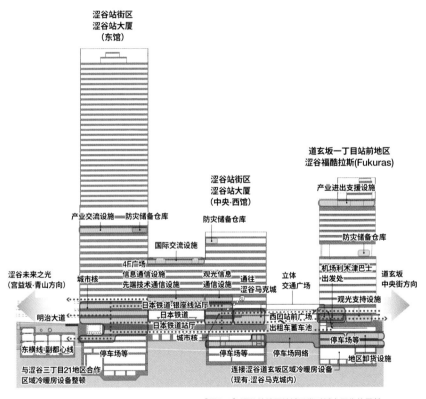

【图2-1】 涩谷站地区站城开发对城市再生的贡献

在包含涩谷车站在内的"涩谷站地区站城开发"【涩谷站大厦（涩谷Scramble Square）】中，为了更新已呈立体化的车站和站前广场等城市基础设施，铁道改善工程与土地区划整理工程也在同步进行。首先，土地区划整理工程推进了站前广场及河川等城市基础工程的规划、建筑基地的规整及集约化，并确保了铁道扩展开发用地。其次，在开发工程与铁道改良工程中，在建设铁道上空的上盖建筑的同时，也对立体交通广场及城市核系统（流线空间）进行了规划。

经过以上说明可以理解，涩谷站周边地区开发不单是一个民间开发工程，而是与铁道改善工程及土地区划整备工程一起，三位一体推进的站城更新。同时通过以车站为中心的站城功能更新，进一步带动了周边的城市连锁开发。

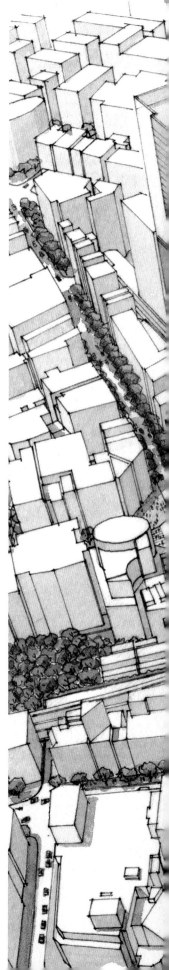

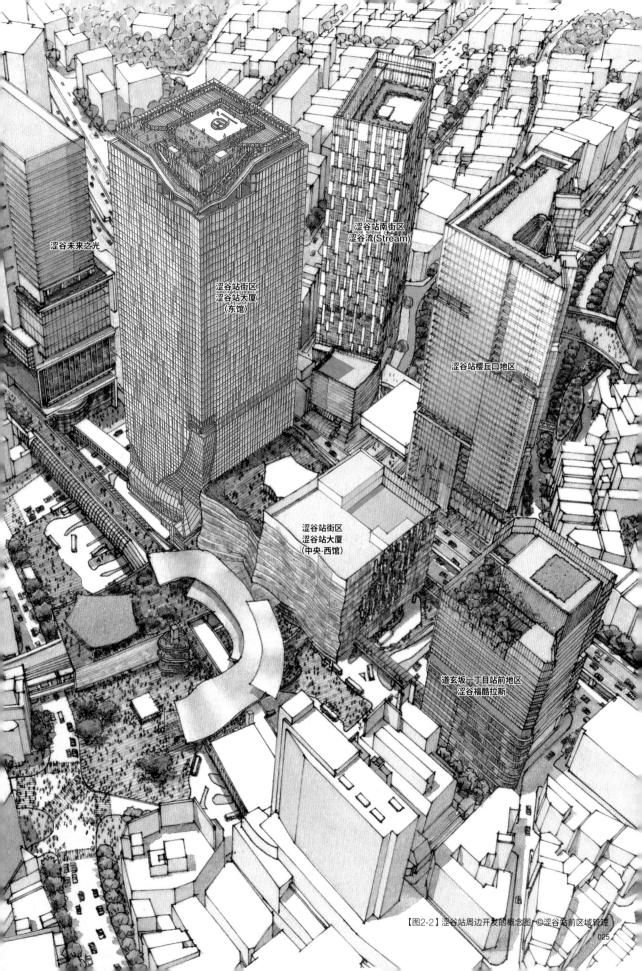

涩谷未来之光

涩谷站街区
涩谷站大厦
（东馆）

涩谷站南街区
涩谷流(Stream)

涩谷站樱丘口地区

涩谷站街区
涩谷站大厦
（中央·西馆）

道玄坂一丁目站前地区
涩谷福酷拉斯

【图2-2】涩谷站周边开发的概念图 ©涩谷站前区域管理

025

之前

【图3-1】

容积魔法——打开城市之门

3

东京站

以往的站前大楼多是像墙一样耸立在车站正面。但东京站则通过将丸之内站厅范围的容积率出售给周边街区而获得了资金。并用修复和更新等方法保存了原有的历史站厅，创造了能够代表首都玄关形象的站前广场。

在八重洲口的再整备中，通过将容积率集中在南北塔楼，并在城市中心轴上架起了与丸之内站厅比例呼应的大屋顶这一系列手法，成功塑造了迎接大众的东京新大门形象。

将人员聚集的站前广场打开为开放空间，同时提高周围商业和办公的开发强度。这样既可以激发出人们旅行开始时的昂扬感，又能营造出宛如进入城市剧场般的繁华、热闹的气氛。

以东京站八重洲口的改建为契机，促进了八重洲一带的更新开发。并借此机会重新规划了公交乘车处和广场等基础设施，车站的"背面"成为了新的"正门"，推进了周边新一轮的开发循环。

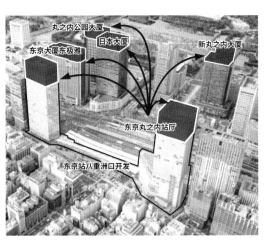

【图3-3】东京站八重洲口开发利用了"特例容积率适用地区"制度，将东京站丸之内站厅没有利用的剩余容积率移转到两侧，从而实现了高强度的双塔开发。再利用"综合设计"制度，以"确保了基地内的开放公共空间"为贡献点，获得了容积率的提升。

之后

【图3-2】

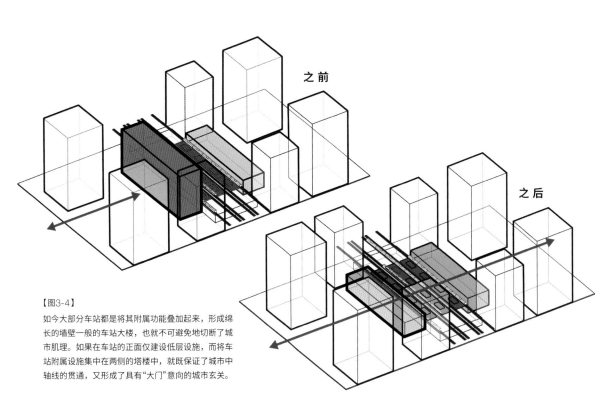

之前

之后

【图3-4】

如今大部分车站都是将其附属功能叠加起来，形成绵长的墙壁一般的车站大楼，也就不可避免地切断了城市肌理。如果在车站的正面仅建设低层设施，而将车站附属设施集中在两侧的塔楼中，就既保证了城市中轴线的贯通，又形成了具有"大门"意向的城市玄关。

1914

东京站开业

　　东京站的正门是从红砖的站厅和4个站台开始。当时八重洲一侧还存在江户城的外护城河，它切断了东京站与京桥、日本桥区域的联系。

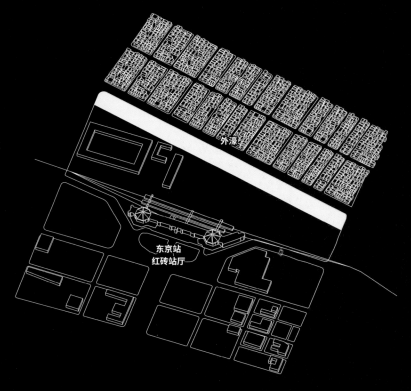

外濠

东京站
红砖站厅

Growing Process of Tokyo Station
东京站的发展过程

【图3-5】

※ 本图参考《東京駅「100年のナゾ」を歩く-図で愉しむ「迷宮」の魅力》
（田村圭介著，2014年12月10日，中央公论新社发行）制作

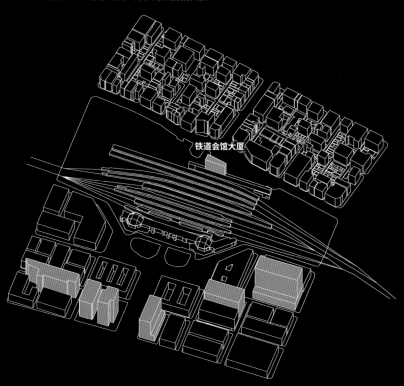

铁道会馆大厦

1990

　　1929年八重洲口终于开通了，在太平洋战争导致丸之内站厅荒废的时期承担了车站功能。瓦砾填埋了外护城河，由此东京站区域可与京桥、日本桥连通。

　　其后经过战后复兴时期，东京站的设施也得以扩充。1954年铁道会馆大厦建成，1964年东海道新干线开通、八重洲地下街竣工，1972年国铁（现JR）横须贺、总武快线开通，1990年JR京叶线开通，至此初步形成目前的样子。

2014

1990年东京站丸之内站厅的保存以及复原的方案公示，2007年开工，2012年10月竣工。

随着活用了丸之内站厅容积率的丸之内大厦以及新丸之内大厦等再开发的进行，八重洲口开发中的华盖东京(GranTokyo)北塔和南塔也在2007年11月开业。最后连接两栋塔楼的华盖顶棚在2013年9月竣工，迎来了东京站八重洲口开发的整体开业。

华盖顶棚

丸之内超高层建筑群

东京站八重洲口之前给人的印象是"车站背后的空间"。如今通过东京站八重洲口开发促进了八重洲口的功能更新，也带动了周边的站前开发。

东京站八重洲口开发的双塔包含两部分，分别是：以国际化、高度信息化商务为核心的办公设施和以激发八重洲、日本桥地区活力为核心的商业设施。双塔的实现主要归功于利用了"特例容积率适用地区"制度将东京站丸之内站厅没有利用的容积率移转到两侧，以及利用"综合设计"制度以"确保基地内的开放公共空间"为贡献点，获得了容积率的提升。以这种城市规划的方式，实现了1604%的高容积率。

将来

八重洲口开发在整体开业后提高了区域的便捷性，道路对面的八重洲口1、2丁目地区的再开发现在也正在进行。

八重洲口1、2丁目地区基地在细分化、建筑不断老化、防灾性能也在降低，是东京站前一块并未得到相应开发的土地。在这里也利用城市再生特别地区的制度，开展城市街区再开发工程，强化能代表东京——这座国际都市门面的交通枢纽功能，引入能够提高国际竞争力的城市功能，实现高度的防灾功能和环保性能。

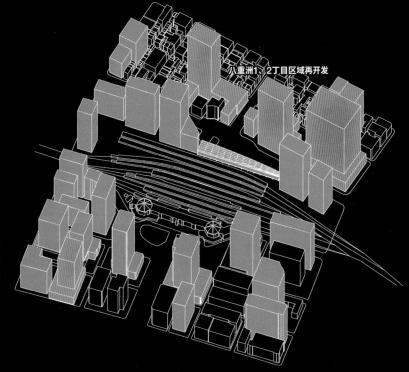

八重洲1、2丁目区域再开发

TOD教父——乘客是由铁路创造的

4

阪急梅田站

阪急电铁的创始人小林一三(1873—1957年)曾经说到"乘客是电车创造的"。小林当时的想法是：在客流量很少的箕面有马电气轨道沿线的廉价土地上建设住宅，这样就可以利用铁道带动人口的增加。于是铁路公司自行出资开发了站前的商品住宅。以池田室町住宅区的开发为起点，包含至今仍是关西高级住宅区代表的西宫市周边住宅区等在内，沿线的住宅区被一个接一个规划进来。随后在市中心的枢纽站——阪急梅田站，世界上第一个枢纽百货阪急百货店开业了，以及在箕面、宝塚及六甲等郊外的枢纽站以及其沿线建立了箕面动物园、宝塚少女歌剧团及六甲山酒店等设施，为观光地开发做出了贡献。此外在其他沿线也开设了棒球场等大众娱乐设施，引进了关西学院大学等教育设施，提倡郊外的生活方式，创造大众对铁道利用的需求。这个商业模式成为了今后日本的TOD开发的起点。

【图4-1】国铁模式(左)与小林一三模式(右)的对比　　　—— 地铁公司　　······ 一般和现存的发展

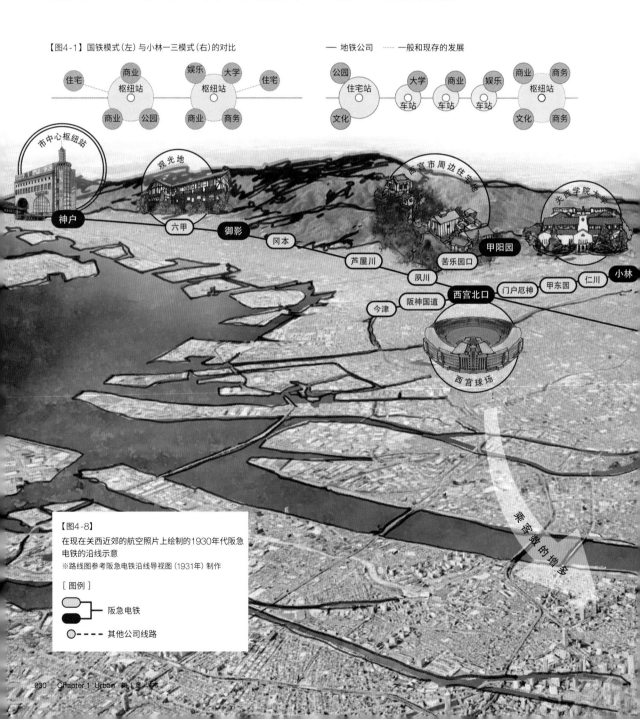

【图4-8】
在现在关西近郊的航空照片上绘制的1930年代阪急电铁的沿线示意
※路线图参考阪急电铁沿线导视图(1931年)制作

［图例］

⬭—⬮ 阪急电铁

◯—◯ 其他公司线路

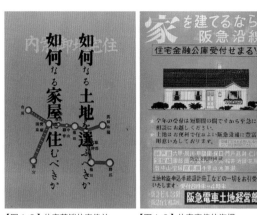

【图4-2】住宅营销的宣传单　　【图4-3】住宅宣传的海报

【图4-4】阪急西宫球场

【图4-5】箕面动物园

【图4-6】池田室町住宅区

【图4-7】宝塚旧温泉街

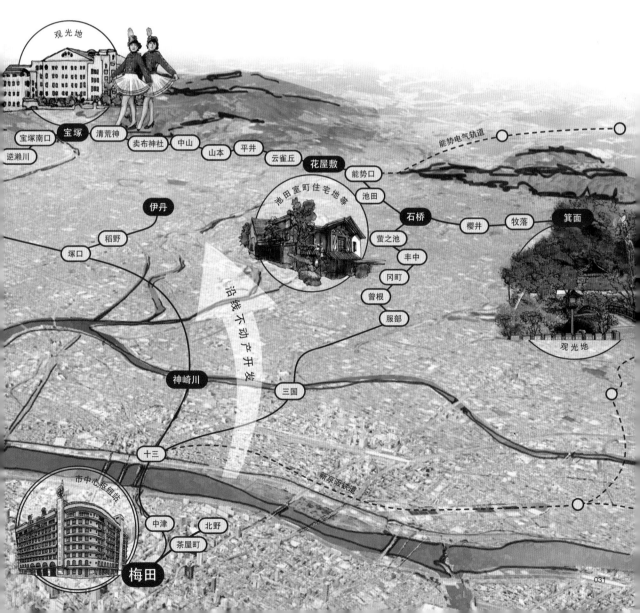

华丽变身——车站是可以一夜建成的 5

阪急梅田站

通过沿线开发，随着阪急电铁乘客人数的增加，其城市面貌也逐渐改变了。开业之初，阪急电铁的梅田站是只有局部二楼的小规模枢纽站，其后根据小林一三的理念，采取日本第一个"车站＋百货商场"的形式，也成为了日本TOD的先驱。

为了获得更多的乘客，提高便捷性，阪急梅田站率先采用了高架化。随后官营铁路也进行了高架化。受其影响，阪急梅田站不得不改回原来的地面站，需要进行大规模工程。面临失去乘客的巨大挑战，阪急电铁决定在一夜之间完成这项历史性大工程。从剖面的角度来研究阪急梅田站的变迁，便可窥探到，其变迁的原则是在考虑人行网络的基础上巧妙地布置了商业设施。

【图5-1】1924年前后阪急梅田站周边

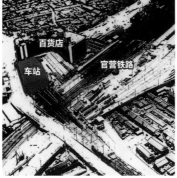
【图5-2】1934年前后阪急梅田站周边

【图5-3】1968年前后阪急梅田站周边

1910年 箕面有马电气轨道公司开始营业

现在阪急电铁前身的箕面有马电气轨道公司，依据轨道法，于1910年开始运营从梅田到宝塚之间和从石桥到箕面之间的铁路。作为起点的梅田站，以地面站设置在跨穿官营铁路（战后的日本国有铁路，现在的JR线）上，即现在的大阪站南侧。1920年阪急神户本线开通，与阪急宝塚本线共用梅田到十三站之间的线路。

1926年 阪急梅田站改为高架车站

随着运行班次的增加，为了提高运输能力，阪急电铁决定实施从梅田到十三站的各线路的四线化、专用轨道化以及高架化，并于1926年完成工程。另外，阪急梅田大厦于1920年完工，一层租给百货店老铺子的白木屋分支机构，贩卖日用杂货，二层开设了直营餐厅。1929年"阪急百货店"作为世界第一家枢纽百货商场开业了。

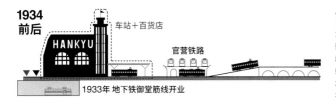

1934年 伴随官营铁路高架化，阪急线迁移到地面

为了拆除用来分隔街区的线路及道口，官营铁路大阪站实施立体高架化的同时阪急线高架车站则迁移回地面站。这一工程在1934年5月31日深夜，由官营铁路和阪急电铁共同实施。为了避免两条线路的长期停运，切换工程在"一夜之间"就完工。在1959年，阪急神户本线、阪急宝塚本线及阪急京都本线均完成了复线化，神户本线和宝塚本线为三复线，京都本线为双线，梅田站改造成为共有9面8线路的大型枢纽站。

【图5-4】阪急梅田站周边的变迁

1966年 阪急梅田站迁移到东海道本线北侧工程开工

进入1960年代，客流量明显增加，为了增加车厢，阪急梅田站站台向北侧延伸。但因有国铁高架线，无法再扩大，因此1966—1973年之间阪急梅田站迁移到JR东海道本线北侧（现在的位置），进行了高架化及扩建工程。

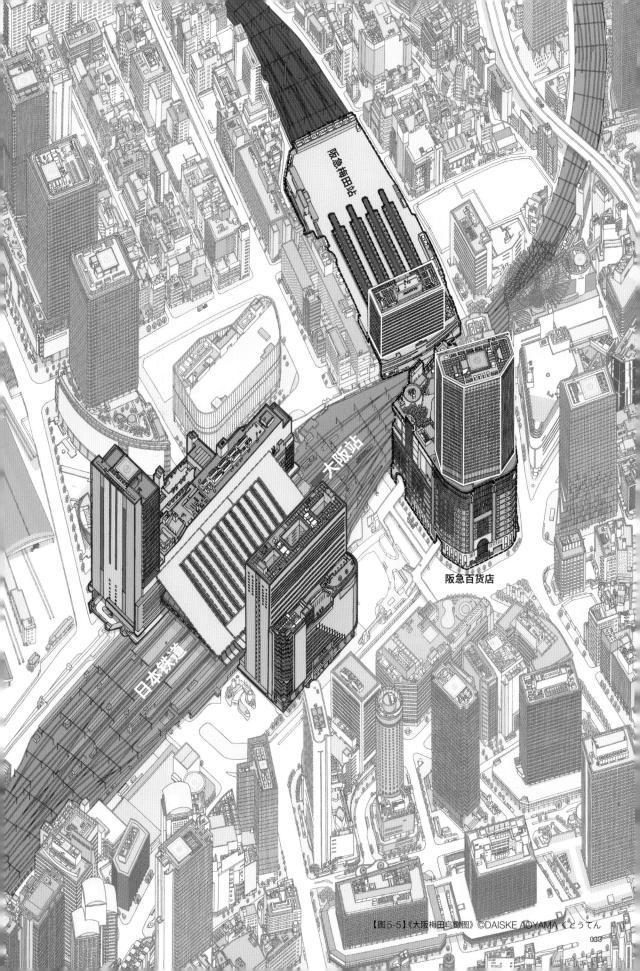

阪急梅田站

大阪站

日本铁道

阪急百货店

【图5-5】《大阪梅田鸟瞰图》©DAISKE AOYAMA くどうてん

车站——距离产生价值

阪急梅田站

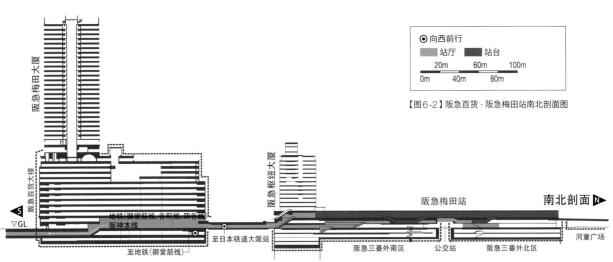

【图6-2】阪急百货·阪急梅田站南北剖面图

在人流聚集的枢纽站中设置百货店，对百货店来说具有压倒性的聚客效果。对铁路开发来说，枢纽站百货店的顾客可以成为铁路的新客户，并在原本铁路利用率不高的工作日白天及休息日创造新客流。而对沿线的住宅销售来说，又可以用"拥有枢纽站百货店的线路"来提升品牌形象。可谓是一举三得的商业模式。

开业之初，阪急百货店与阪急梅田站直接相连。但1966年后伴随着车站的迁移，百货店与车站变成了隔着国铁南北相望的布局。之后，阪急电铁公司以新车站为中心，在坐拥车站巨大客流的周边基地上展开商业开发。借由交通网络的连接，将街区的人气不断扩大。

【图 6-1】阪急梅田站站厅

  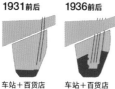 

伴随阪急梅田站的扩建，阪急电铁推进了商业设施开发。地上五层的梅田阪急大厦于1920年完工。以1926年阪急梅田站的高架化为契机，在1929年将其改建为地上八层的大楼。在1934年车站改回到地面后继续扩建。尤其是经过2005—2012年的翻修工程，一跃成为展现梅田风貌的建筑代表。在1966年阪急梅田站迁移到JR东海道本线北侧后，在与国铁及大阪市营地铁等线路连接的周边地区，规划了阪急三番街、新阪急酒店、阪急枢纽大厦（阪急17番街）及阪急大厦（阪急Grand大厦）等。

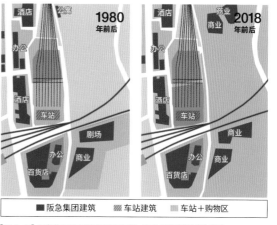

【图 6-3】阪急梅田站周边的阪急百货·阪急相关建筑群的变迁

车站——都市之眼

港未来站 横滨皇后广场（Queen's Square）

【横滨皇后广场（Queen's Square）】设计者：日建设计·三菱地所一级建筑士事务所

　　伴随着横滨港未来21地区开发，横滨高速铁路港未来线的港未来站的规划也同步启动。由于车站是给开发引入客流的重要源头，所以车站的规划先于横滨皇后广场的建设。港未来站位于连接樱木町站到横滨国际平和会议场（Pacifico Yokohama）的皇后商业街的节点。而连接车站与皇后商场的壮观的8层通高车站核（流线空间），对该地区的发展做出了巨大贡献。

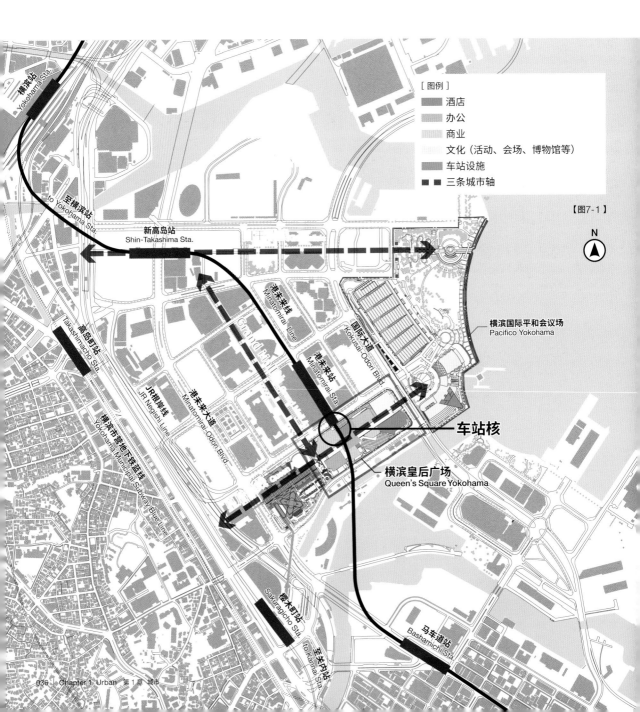

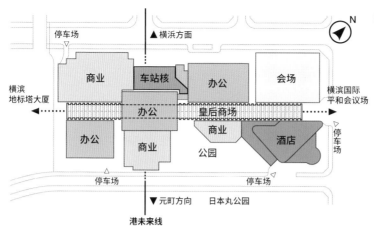

【图7-2】横滨皇后广场总图

开设港未来站时，横滨皇后广场已竣工7年。但是，当时这两大项目是同时立项的。为了加强地铁站与地上开发的联系，经双方协商，将原先规划在基地外侧的车站特意移到横滨皇后广场的基地内。然后在横滨皇后广场内部设置通高的车站核，使得一眼俯瞰车站成为可能。

之前
【图7-3】

横浜方面

港未来线

元町方向

之后
【图7-4】

车站——城市活动之源 8

二子玉川站 二子玉川RISE

【二子玉川RISE】设计监理：
第一期 RIA·东急设计咨询·日本设计 设计联合体
第二期 日建设计·RIA·东急设计咨询 设计联合体

过去二子玉川站西侧和东侧的开发程度差距很大。在西侧集中了玉川高岛屋等商业设施，而东侧基本为未开发状态。其主要原因为东侧交通广场及道路网络整备不足，尚存在诸如交通堵塞以及防灾安全隐患等问题。但从1982年开始，经历与当地居民长达30年的沟通，一个充分利用了多摩川水景和绿色植被的新街区诞生了。

利用多摩川及国分寺崖线丰富的自然条件，将公园布置在东侧。从车站由西向东依次设置商业设施、办公、住宅、公园等，实现由热闹到静谧的空间过渡。

从西侧车站引导客流，成功消除了由铁路造成的城市隔断，实现了拥有与市中心不同的新生代工作、生活方式的新街区。

[图例]

酒店
办公
商业
文化（影院、会场等）
公寓

N

Ⅲ街区

世田谷区二子玉川公园

之后

【图8-1】

【图8-2】
从二子玉川日出街区 Ⅰb街区看Ⅱa街区。在Ⅰb街区与Ⅱa街区之间设置交通广场，由2层标高的高架平台连接街区。

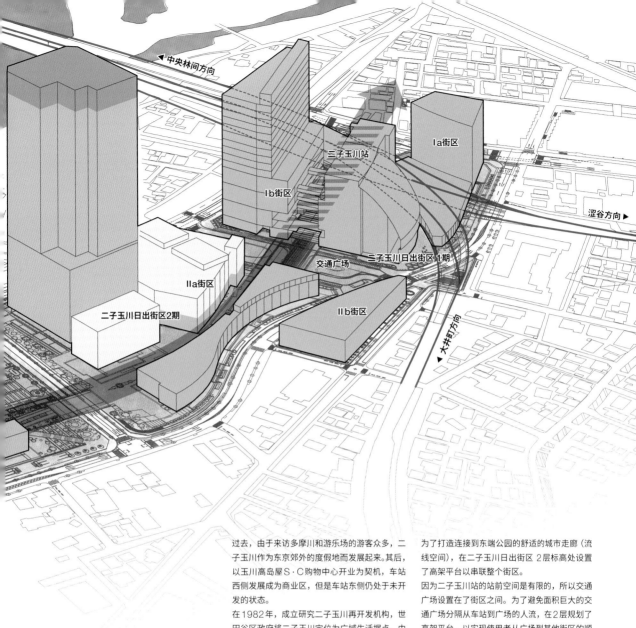

过去，由于来访多摩川和游乐场的游客众多，二子玉川作为东京郊外的度假地而发展起来。其后，以玉川高岛屋S·C购物中心开业为契机，车站西侧发展成为商业区，但是车站东侧仍处于未开发的状态。

在1982年，成立研究二子玉川再开发机构，世田谷区政府将二子玉川定位为广域生活据点。由此地域和政府合作，以建设具有强抗灾性、生机勃勃的城市为目标，推进再开发项目。

为了打造连接到东端公园的舒适的城市走廊（流线空间），在二子玉川日出街区2层标高处设置了高架平台以串联整个街区。

因为二子玉川站的站前空间是有限的，所以交通广场设置在了街区之间。为了避免面积巨大的交通广场分隔从车站到广场的人流，在2层规划了高架平台，以实现使用者从广场到其他街区的顺畅移动。

之前

【图8-3】

缝合城市1——悬浮的车站

多摩广场站 多摩广场平台

【多摩广场平台】设计者：东急设计咨询

多摩广场站南侧的发展晚于北侧，本项目通过大范围的高架平台对原有的站前广场进行扩展，将整个街区连成一体。

以车站为起点，天桥向各方位延伸，这一手法起到了组织人流、振兴商业、提高交通设施便利性的作用，真正实现了与站名中"广场"二字相匹配的、以广场为中心的街区规划。

多摩广场站作为连接周边住宅区的公交线路的中心点，在规划中利用了地形的坡度：公交站的北口设于地下一层，而南口则设于地上一层，列车与公交可以实现全天候换乘。地上的步行空间则设有低层商业设施，成功凸显出街区的繁华。

配置·旧用途划分（2006年）

配置·用途划分（2011年）

高架平台

N

- ■ 商业区域
- ▨ 近邻商业区域
- ▧ 第一居住区域
- ▨ 第二居住区域
- ■ 第一低层居住专用区域

【图9-1】

因车站南侧的地块在城市规划中曾被指定为住宅用途，故暂定为停车场及住宅展示区。自1986年起铁道事业方与行政方、土地产权方进行合作，并开展了相关讨论会以推进该地块的规划决策，并于16年后的2002年最终确定了规划。住宅用途一部分被改为商业地块及商业相邻地块，从而使南北两侧地块的互相联通变为可能。

开发前的多摩广场站南北两侧被铁道隔断，且地形上有高低差。再开发规划时，通过在铁道上方架设约3公顷的高架平台，实现车站南北两侧的顺畅接续。铁道设施和商业设施作为一个整体进行开发，铁道线路依旧夹在地块中间，但整个地块实现了南北一体化，激活了整个街区。

之前

【图9-2】

东急百货店

涩谷方向 ▶

田园都市线

多摩广场站

◀ 中央林间方向

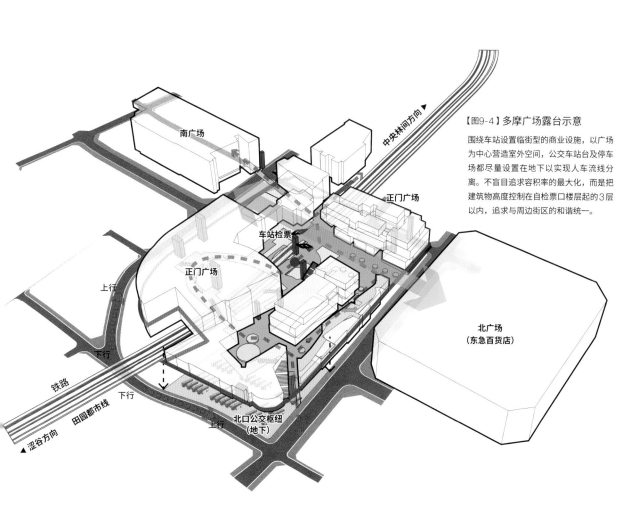

【图9-4】多摩广场露台示意

围绕车站设置临街型的商业设施,以广场为中心营造室外空间,公交车站台及停车场都尽量设置在地下以实现人车流线分离。不盲目追求容积率的最大化,而是把建筑物高度控制在自检票口楼层起的3层以内,追求与周边街区的和谐统一。

南广场

中央林间方向 ▶

正门广场

车站检票

正门广场

北广场
(东急百货店)

上行

下行

铁路

下行

涩谷方向 ▶

田园都市线

上行

北口公交枢纽
(地下)

之后

【图9-3】

[图例]
▢ 高架平台

北广场
(东急百货店)

高架平台

涩谷方向 ▶

田园都市线

多摩广场站

中央林间方向 ▲

南广场

八王子方向

铁道之路

京王线

三木京王调布B馆

广场

三木京王调布C馆

广场

京王相模原线

桥本方面

缝合城市2——隐身的车站

调布站 Trie—京王调布

【Trie-京王调布】设计者：日建设计

调布车站是京王线与京王相模原线的分岔点，街区南北长期被铁道隔断。通过交通立体化改造实现铁路的地下化，使得地上街区的南北终于整合成为一体。

三木京王调布（Trie-京王调布），在由铁路地下化而置换的基地上，配置A馆、B馆、C馆三栋商业建筑。并通过在路面上进行连续性的景观规划，提高街区的回游性，实现了"可愉悦步行的街区"的规划理念。

在铁路的地下化改造后，对地上部分进行规划的时候，开发商、铁道事业方及行政方互相协作，对地区规划进行重新决策，在制定了建筑用途、建筑形态限制及公共空间

等相关规则的基础上进行开发。

调布车站周边地区不仅是一个集行政、文化、交流于一体的中心区域，更被期待成为能与"多摩地区内主要的玄关、交通枢纽"这一定位相匹配的重要节点。通过对道路等基础设施的改建并引入商务设施，规划以"成为身边生活圈的中心，形成独具魅力的街区"为目标而制定。

整个街区规划中，在A馆1层南侧设置了作为街区设施的柱廊形式步行空间，在C馆两侧设置了两个广场，与行政道路以及在铁道遗址上铺设的绿化道路相联系，打造专为步行者设计的公共空间。

10

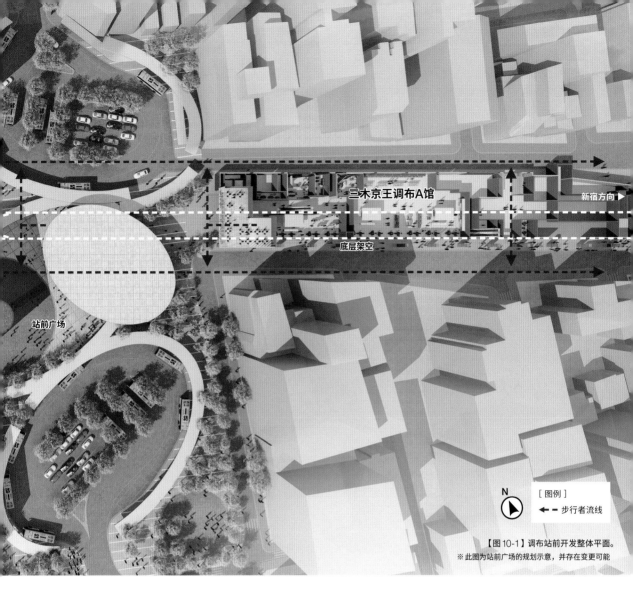

三木京王调布A馆

新宿方向▶

底层架空

站前广场

N

[图例]

◀— 步行者流线

【图10-1】调布站前开发整体平面。

※此图为站前广场的规划示意，并存在变更可能

之前

【图10-2】从站前广场眺望交通立体化改造中的东面（新宿方向）的临时天桥上的站厅。

之后

【图10-3】从站前广场眺望铁路地下化后在原址上建的三木京王调布A馆。

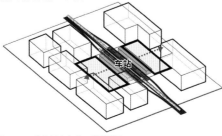

车站

【图10-4】被地上车站切断的城市

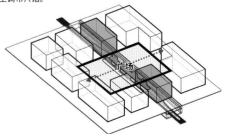

广场

【图10-5】将车站地下化后重新缝合的城市

缝合城市3——作为城市纽结的车站

11

重庆 沙坪坝站 龙湖光年

【龙湖光年】设计者：日建设计

之前（2017）

【图11-1】

重庆原本就地形起伏，由于城市发展，车道增宽增多，城市道路网络就愈加复杂。在这种情况下，步行道路不断被地形及路网割断，难以形成舒适的步行环境。重庆西侧的副中心——沙坪坝区域就是被火车站及城市干道分割为南北两块。后来以成渝高铁的建设为契机，重新整体规划了火车站，将铁路及部分道路地下化，新的周边地上步行网络被构建起来。以车站为中心设置人行专用道路，将铁路乘客的流线接入周边步行网络，重新连接了被隔断的南北街区，更进一步形成可回游整个街区的步行系统。在流线的各个节点，又通过设置高人气的公共空间，促进各种公众活动的开展，从而实现"营造舒适步行的街区"的规划理念。

城市核被放置在回游流线的中心位置，是实现人行流线立体循环的重要节点。

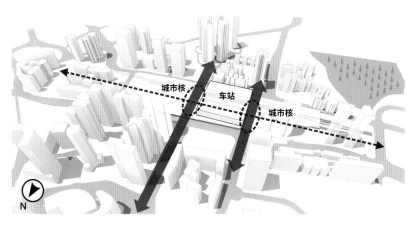

城市核　车站　城市核

N

【图11-3】

以车站为中心，北侧为商业设施，南侧为住宅区。新车站的两侧设有城市核，将高架平台上的人行流线与地铁及公交等公共交通设施垂直相连，同时也实现了街区的南北贯通。

之后（2020）

【图11-2】

　　基地向西南扩展，并与沙坪公园的广阔绿地相连接。通过将此公共空间引入基地，形成一条绿色的城市走廊，为营造舒适的城市空间助力。

　　在基地周边各主要进场流线上设置独具特色的广场。

此举在理顺流线的同时，还可以为公共交通及商务设施的使用人群提供活动场地。此整体规划项目预计将在2020年竣工。

【图11-4】
车站的西南是占地17万平方米的沙坪公园。通过将其丰富的绿地资源及公共空间导入基地，联系项目与周边街区。

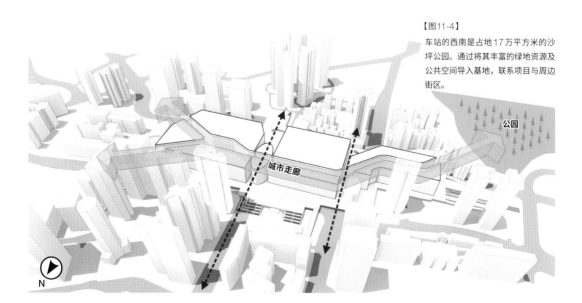

城市走廊

公园

N

国王十字车站及周边开发
King's Cross Station & Development Area

国王十字车站于1852年开始运营，作为英国伦敦北部玄关的交通枢纽站，连接剑桥、约克郡、纽卡斯尔、爱丁堡、格拉斯哥等城市。虽然曾是维多利亚时期支撑了工业革命的重要枢纽站，但该地区到了20世纪末期已衰落成治安不佳的贫民街区。直到2007年，其西侧相邻的圣潘克拉斯车站取代滑铁卢站，成为了连接英国与欧洲大陆的欧洲之星列车的终点站，国王十字区也以此作为契机开始了整体再开发。

2008年开发规划完成；2011年伦敦艺术大学下属的中央圣马丁艺术与设计学院搬入开发区内；2012年配合伦敦奥运会车站重新开业；2018年谷歌（Google）总部完工，约7000名员工开始在此办公。作为全伦敦最大级别的TOD，在27万平方米的基地内有总计50栋新建大楼，20座历史建筑，1900户住宅，20条步行街，10座公园，新生的公共空间达到约10万平方米，到2016年已经吸引了3万人口的入驻。

英文原文出自 https://www.kingscross.co.uk/

圣潘克拉斯车站　国王十字车站

【图W1-1】总平面图

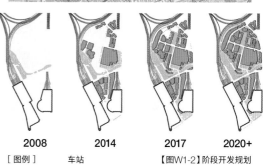

2008　**2014**　**2017**　**2020+**

[图例]　车站　【图W1-2】阶段开发规划

【图W1-3】区位图

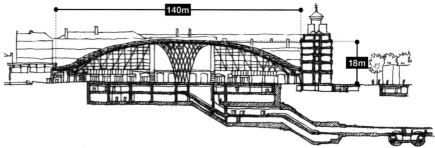

140m

18m

【图W1-4】剖面示意图

【图W1-5】国王十字车站室内

【图W1-6】区位图

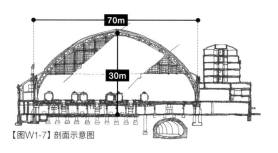

【图W1-7】剖面示意图

圣潘克拉斯车站

St Pancras Station

　　圣潘克拉斯车站作为米德兰铁路(现伦敦米德兰和苏格兰铁路)的终点站于1868年开始运营,主要有发往英格兰中东部的莱斯特、谢菲尔德、利兹的国家铁路列车,并可换乘欧洲之星列车。圣潘克拉斯车站被称作新哥特式建筑的杰作,车站内原有的旅馆已被改建为五星级的万丽酒店。经过改建,这座有着150年历史的标志性建筑与站前广场共同塑造了伦敦中心的崭新形象。

英文原文出自http://www.stpancras.com/

【图W1-8】从车站街区眺望北侧开发区

【图W1-9】圣潘克拉斯车站鸟瞰

【图W1-10】从北侧开发区眺望车站街区

【图W1-11】圣潘克拉斯车站室内

"都市再生特别地区"制度的运用
——TOD与城市规划

涩谷和新宿两个车站作为东京面向海外游客的主要景点，都面临着交通流线复杂化及无障碍设施欠缺的问题。车站、站前广场与车站大楼之间的强化联系，更新设施则需要大量的费用。

如何解决这些问题，并将车站变得更加便捷又富有魅力呢？

自涩谷的TOD项目起，"都市再生特别地区"制度中的相关条例开始实施，以激发民间企业的动力，并以此推进城市开发。

"都市再生特别地区"制度是在国际大都市之间竞争日益激烈及现有街区和基础设施急需更新的大背景下，基于《都市再生特别措施法》，于2002年创设的新型城市规划制度。

"都市再生特别地区"制度指的是：在"都市再生紧急整备地区"内，遵从地区整备方针，对城市再生有较大贡献的项目，可以不受制于该地区现有的用途、容积率、形态限制等规定，享有更高的规划自由度。该制度保证民间企业可以对城市规划进行提案，行政手续便捷，行政部门的审查不基于特定基准而是将项目作为个案进行单独审查。是一个旨在催生民间企业投资动力并解决城市问题的快速即效的制度。

相比于评价对象仅为"确保公共空间"等的特定街区制度，"都市再生特别地区"制度扩大评价项目范围，以进行更全面的评价。其目的在于，在不影响地区需求的情况下，充实和强化不足的城市功能。举例而言，将针对车站周边交通节点功能的改善作为评价对象，放宽对容积率的要求，从而激发民间企业的动力，实现车站的重生。

建筑限制的种类	在"都市再生特别地区"制度内的处理
用途规范（建筑基准法第48条）	针对"都市再生特别地区"制度的城市规划中规定的"需增强的用途"，可以不受左栏规定限制。
特别用途地区内的用途限制（建筑基准法第49条）	
容积率限制（建筑基准法第52条）	仅使用"都市再生特别地区"制度的城市规划制定的数值（但是针对建筑密度一项，无法放宽现有用地区域的城市规划限制条件）
建筑密度限制（建筑基准法第53条）	
斜线限制（建筑基准法第56条）	不受限（仅使用"都市再生特别地区"制度的城市规划制定的限制条件）
高度地区内的高度限制（建筑基准法第58条）	
日影限制（建筑基准法第56条之2）	不受限

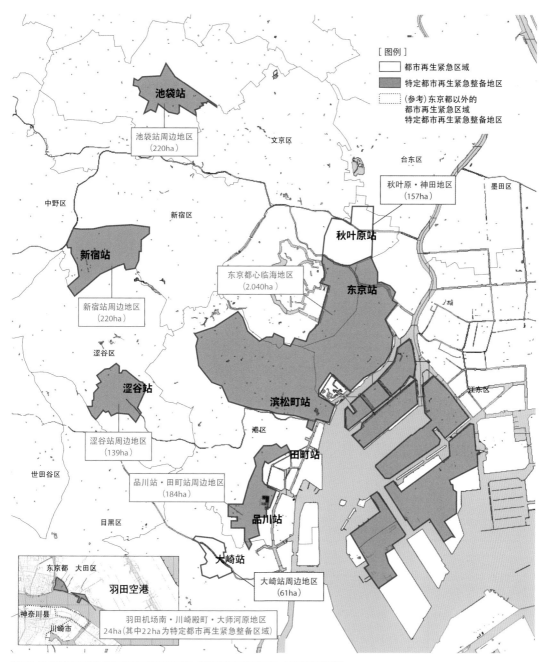

[图例]

　　　　都市再生紧急区域

　　　　特定都市再生紧急整备地区

　　　　(参考)东京都以外的
　　　　都市再生紧急区域
　　　　特定都市再生紧急整备地区

池袋站

池袋站周边地区
（220ha）

文京区

台东区

墨田区

秋叶原·神田地区
（157ha）

新宿区

中野区

新宿站

秋叶原站

新宿站周边地区
（220ha）

东京都心临海地区
（2.040ha）

东京站

涩谷区

涩谷站

滨松町站

江东区

涩谷站周边地区
（139ha）

港区

田町站

世田谷区

品川站·田町站周边地区
（184ha）

目黑区

品川站

大崎站

大崎站周边地区
（61ha）

东京都　大田区

羽田空港

神奈川县

川崎市

羽田机场南·川崎殿町·大师河原地区
24ha（其中22ha为特定都市再生紧急整备区域）

【图C1-1】"都市再生紧急整备地区"等的指定区域。(根据东京都官网资料，由日建设计制作)

※ 针对羽田机场南·川崎殿町·大师河原地区，仅表示东京都范围内的部分

铁路基地、建筑基地
——建筑法规在TOD中的应用①

如果按照铁轨铺设的范围来定义建筑的建设用地，那用地的容积会变得非常庞大。最基本的问题是在铁路基地上建设建筑是否被认可呢？

建筑基准法虽然没有明确的规定，但东京都明确规定了铁路基地中可以用来建设建筑的范围：车站基地及铁道线路中第1场内信号的内侧，在满足线路上架设人工地面并考虑疏散等要求时才可以作为建筑的建设用地。也就是说，实际上在将铁路基地作为建筑基地使用时，是需要满足基本要求的。

【图E1-1】涩谷站中可以用作建筑基地的范围实例
黄色范围是在线路上方架设的人工地面，红线范围为建筑基准法认可的可作建筑基地的范围。

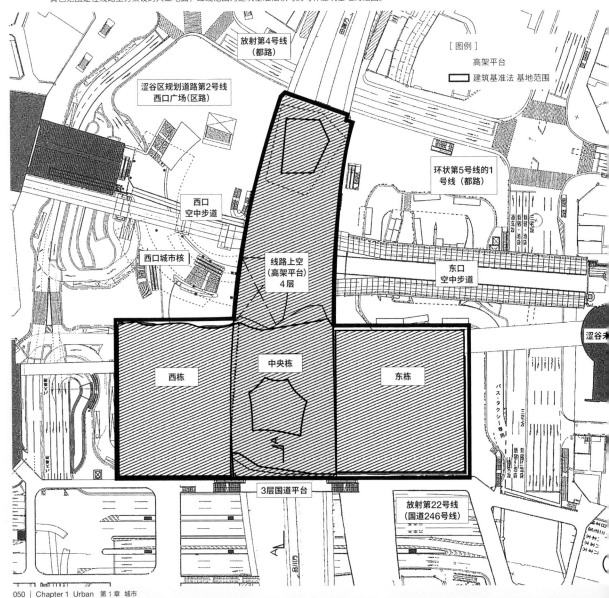

站厅属于建筑物吗？
——建筑法规在TOD中的应用②

建筑基准法中规定，站厅属于建筑物。

而同时，建筑基准法第2条第1项中规定：有关铁道运行保安方面的设施、跨线桥、站台上方大顶棚等，包括检票口内侧空间（检票口内的广场）及站台都不需要进行建筑审批。但是，车站的勤务室、休息室等空间多

在建筑审批范围内。因此检票口内的空间，根据情况不同，有时被认为是建筑基准法适用对象，有时不是。根据行政厅的不同，判断也会有所不同。因此TOD的审批手续需要与受其管辖的行政厅进行协商判断。

地上型

线路、站台以及站厅功能都在地上的形式。同时有几个站台时，利用跨线桥或者地下通道来横跨线路。

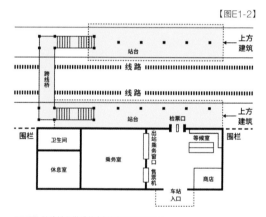

【图E1-2】

跨线桥同类设施（建筑审查范围之外）

桥上型

线路和站台在地上，但是站厅功能是在站台正上方一层的形式。为了乘车需要设置通往上一层所必要的垂直交通手段：如楼梯、扶梯和直梯。

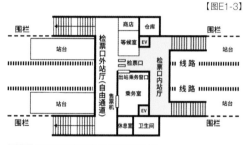

【图E1-3】

跨线桥同类设施（建筑审查范围之外）

大楼型

覆盖在线路上方的兼具站厅功能的车站大楼形式。同时设置有可以跨线的自由通道（检票口外广场）或垂直交通设施。

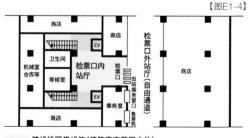

【图E1-4】

跨线桥同类设施（建筑审查范围之外）

地下型

只有出站口楼梯在地上，站厅功能及站台的所有部分都在地下的形式。检票功能多在站台正上方一层，检票口外的空间也有与附近建筑相连接。

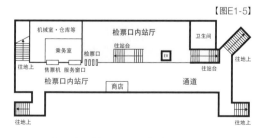

【图E1-5】

跨线桥同类设施（建筑审查范围之外）

↑2

公共空间

12 — 21 Public Space

　　TOD包含了车站、站前广场、公交车、出租车枢纽站、站厅、地下商业街等部分。

　　其中，站前广场作为公共空间，除了承担车站集会庆典活动之外，还具有另一个重要的功能定位——铁道与车辆交通的界面。在日本经济高速建成长期，站前广场的核心位置一度被公交和出租车枢纽站所占据，本该属于人们活动的空间却被压缩到了广场角落里。

　　后来，各地接连发起了通过人车分离的规划手法，将广场重新交还于人的尝试。人们逐渐认识站前广场对于促进城市发展所具有的重要意义，以车站为中心的城市管理理念也应运而生。

　　法律上，站前广场被定义为道路。而人车分离的规划手法即为：通过立体城市规划制度，将公交、出租车枢纽站，人行交通广场及建筑进行立体叠加。

　　此外，在以车站为中心促进城市发展，提升城市魅力的浪潮中，广场的充分利用显得尤为重要。如何使站前广场与车站或商业设施更好地结合也是TOD规划中的关键课题。

　　在本章中，将着重针对TOD中的公共空间展开详细论述。

公共空间类型
Public Space Typology

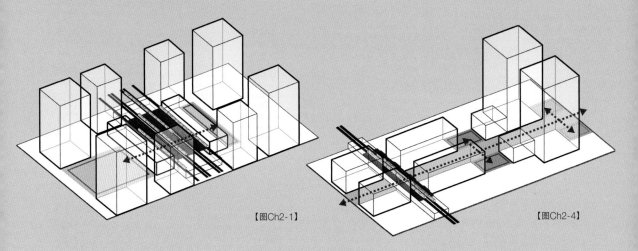

【图Ch2-1】

【图Ch2-4】

<table>
<tr><td>类型 A</td><td>集中型</td></tr>
</table>

类型 A **集中型**

枢纽站的站前广场往往是一个城市标志性的开放空间。将公交、出租车枢纽站整合至路网附近，将主广场拉近并与车站立面进行一体化规划，形成地区具有象征意义的门户形象，同时也是促发各种活动的场所。

类型 B **分散型**

分布在流线上的交通广场、集会广场、街道袖珍公园等开放空间，承担了将人行流线从车站一路引导至区域末端的功能。规划的重点在于，赋予开放空间与各分区相呼应的主题，旨在达到与设施一体化联动的效果。

【图Ch2-2】东京站 丸之内站前广场

【图Ch2-5】二子玉川日出街区（二子玉川RISE）步行街

【图Ch2-3】东京站 八重洲口交通广场

【图Ch2-6】二子玉川日出街区缎带街道（Ribbon Street）

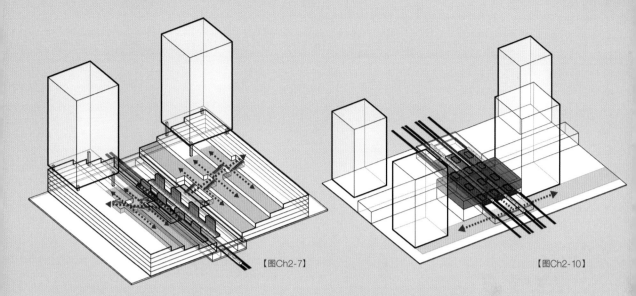

【图Ch2-7】

【图Ch2-10】

类型 C　立体拓展型

　　在TOD中，随着配套设施进一步的复合化，公共空间开始被布置在各种设施之间或屋顶上方，从而生成了更加立体有机的城市公共空间网络。这种网络不仅具有从车站引导各个方向流线的功能，往往还会形成极具魅力的城市地标。

类型 D　层叠型

　　在市中心这样的高密度地区，伴随着车站与其附属设施的发展，需要增加新的功能和相应用地。此时，轨道上方的空间也就成了最佳备选。此类空间不仅是铁道交通转乘公交、出租车等的适宜位置，还可以将其屋顶打造为花园或广场等公共休憩场所。

【图Ch2-8】上海绿地缤纷城

【图Ch2-11】新宿高速巴士总站（BUSTA）

【图Ch2-9】上海绿地缤纷城

【图Ch2-12】新宿高速巴士总站（BUSTA）4层公交乘车场

12

历史巡礼——
东京的城市客厅

东京站 丸之内站前广场 类型 A

【东京站丸之内站前广场】设计者：东京站丸之内广场整顿设计联合体
(JR东日本Consultants·JR东日本建筑设计事务所)

　　东京站丸之内站前广场曾经一度被车辆交通所占据。
随着日本经济的复苏，首都东京中心区迎来了城市更新的
契机。在这次城市更新中，与丸之内站厅的保护、修复工
程同步，也提出对站前广场的重新整顿规划。为了梳理混
乱的公交车、出租车与车站物流线，将站前广场空间重
新返还给行人，并与行幸大道一体化整合为首都东京的
新形象，东京都召开了"东京站丸之内口周边总体规划方
针贯彻会议"。除制定站前广场总体规划方案的学者、专
家以外，JR东日本、大丸有城市规划协会、东京都政府、
千代田区政府等相关负责人也均与会，并就上述规划展开
了热烈的讨论。

　　会议结论为：将车辆交通集中布置在广场南北两侧，
腾出中央部分，与行幸大道一并形成约6500平方米的大
规模人行空间。另外经气流解析将广场上现有的两座高大
的换气塔的高度合理压低，以保证连接皇宫与丸之内站厅
之间景观轴线的贯通。

　　作为东京站的一张名片，曾经一度熙熙攘攘的丸之内
站前广场，经过漫长的岁月，随着红砖造丸之内站厅修复
工程的完成，重生为致敬历史、以人为本的城市空间。

【图12-1】

首都东京的面貌

东京站丸之内站前广场规划项目，由东京都政府和JR东日本等相关单位共同推进，旨在创造与首都东京的形象相得益彰的卓越景观，更以确保交通节点的必要交通功能为目标，意在对东京站到皇宫的整体城市空间进行整顿以及改善。

在2002年1月，东京站周边再生整顿相关研究委员会（时任委员长：伊藤滋，早稻田大学）发布了与首都东京的面貌相得益彰的景观设计，与国际大都市东京的中央车站相匹配的交通节点的梳理规划，官方民间携手合作的城市基础设施整顿，以及对东京城市中心区活力的激发，以上四位一体同步推进的周边地区整顿规划战略。此后，在2002年，针对丸之内站前广场与城市规划道路、交通广场以及作为地区公共设施的步行广场相关的城市规划方案产生修改并确定。规划确定后，从一体化推进景观整顿的视角出发，在多方的参与下，对规划工作展开了数轮研究、调整。在保证广场交通功能与物流运输功能正常进行的情况下，历经三年内五次切换道路等复杂工程，此城市整顿工程最终在2017年12月整体竣工。

之前

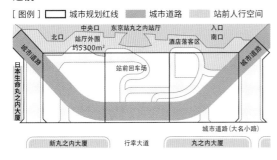

之后

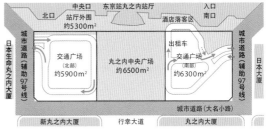

【图12-2】站前广场构成的新旧对比

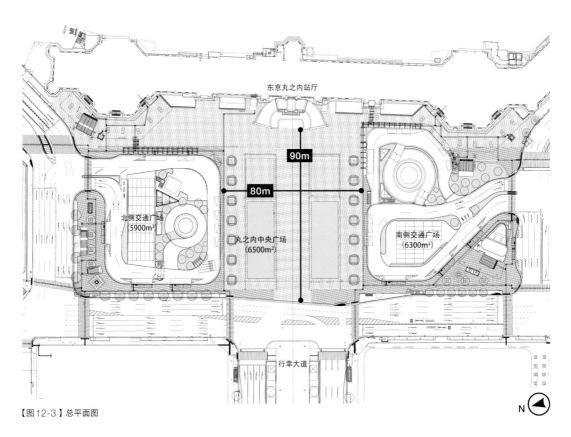

【图12-3】总平面图

N

26.3m

链接未来——东京的都心牧歌

东京站 八重洲口开发GranRoof 类型 A

13

【东京站八重洲口开发】设计者：东京站八重洲开发设计共同企业联合体
（日建设计·JR东日本建筑设计事务所）

在东京站八重洲口，膜结构大屋顶"华盖顶棚（GranRoof）"衔接起了南北两栋双子塔，同时将八重洲口站前广场纳入其下——一个开放的、视野开阔、一体化设计的站前广场空间由此诞生。广场地板选用泛红色的阿根廷斑岩，给膜屋顶和中性色外墙增添了温暖的视觉效果。

从前，东京站八重洲口紧邻铁路沿线搭建的铁道会馆大楼，如同一堵厚墙一般压迫广场空间，将城市分割开来。曾经的八重洲口站前广场，没有规划任何植被以及供人们逗留的场地，仅仅是人们为换乘出租车或公交车而短暂经过的场所。站前空间极其缺乏亲和力，更谈不上成为代表首都东京的地标名片。

在八重洲口站前广场城市改造过程中，首先将站前广场与其他3个分属不同业主的建筑基地进行整合，将建筑的功能集中转移到两侧，形成地标性超高层双子塔。然后撤去中央城墙一般的会馆大楼，在中央位置规划了被称为华盖顶棚的薄膜状大屋顶，向两侧延伸连接双子塔，塑造了东京站崭新的形象。

进而，充分利用中央大楼拆除后腾出的空间，大幅度扩展了站前广场的进深，对广场的交通功能进行整理的同时，还创造出了专属的人行空间。而大屋顶华盖顶棚将这一系列的设施纳入其下，形成宛如牧民的帐篷一般崭新的城市休憩停留空间。

【图13-1】

之前

【图13-2】

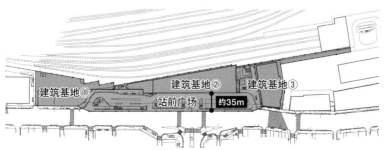

建筑基地①

建筑基地②

建筑基地③

站前广场 约35m

【图13-4】

过去，站前广场正面矗立着铁道会馆大楼（建筑基地②），如同城墙一样，压迫着广场的空间。而广场仅剩的区域也完全被公交车和出租车等车辆交通所占据。

摄影：瑞尼尔·维尔特勃格 Rainer Viertlböck

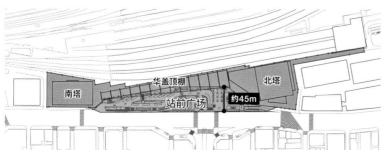

南塔　华盖顶棚　北塔

站前广场　约45m

【图13-5】

在八重洲口开发完成后，建筑集中布置在南北两侧的双子塔，中央的广场空间则归还给行人，成为了一个覆盖着膜屋顶的、富有地标性意义的站前广场。

椭圆短轴35m

椭圆长轴60m

站前乾坤——水都的城市舞台

大阪站 Grand Front 大阪 类型 A

【Grand Front 大阪】总体规划：日建设计·三菱地所设计· NTT Facilities

14

　　行人众多的站前空间寸土寸金，开发商自然更倾向于进行高密度建设，以求建筑面积的增加。但是这也导致越来越多的站前公共空间被沉闷的"混凝土森林"所占据。但是如果充分利用城市规划制度进行切实的规划，就能在保证建筑面积的同时又营造出有效的广场空间。如此，站前广场带给城市的，将是巨大的潜力及附加价值。

　　大阪站前综合体(Grand Front 大阪)在建设之初就被定位为城市名片，旨在传递大阪开放、包容的城市魅力。其中，占地约1700平方米的"梅北广场"上，常年举办各

种大型集会活动，为城市的繁华气息增色不少。白天，水雾景观"雾之雕刻"令人心旷神怡，夜幕降临时地面的照明亦是流光溢彩，这些都令梅北广场成为了喧嚣城市中的一片宁谧绿洲。这座集城市地标及近人尺度（人群聚集、往来频繁的广场）双特色于一身的枢纽型站前广场，其附属的观光咨询处、咖啡厅、市集、多功能厅等互相配合，营造出明快的生活气息。梅北广场为整个梅田北区蕴育出巨大的附加价值，成为了城市的形象代表。

【图14-1】梅北广场

【图14-2】大楼梯附近的迷你乐队演出

【图14-3】在大楼梯拍集体纪念照片

【图14-4】水上瑜伽

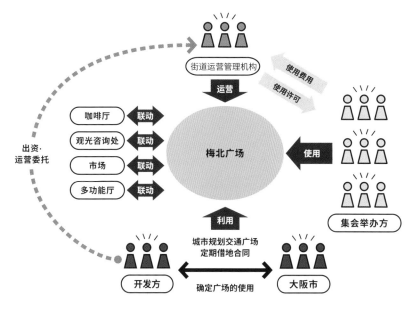

【图14-5】梅北广场的运营模式

梅北广场是开发商通过定期租赁的形式，对由城市规划确定的城市规划交通广场进行租赁，经过与大阪市政府交涉协商，以街道运营管理机构（TOM）为主体进行运营管理的公共空间。为了促进文化交流，梅北广场一年四季举办各种市民可参与并体验的创造性集会活动，起到了城市名片的效果。

广场云集——
联络交通与活力的街区起点

15

多摩广场站 多摩广场Terrace　类型 B

【多摩广场Terrace】设计者：东急设计咨询

　　该规划在多摩广场贯穿南北的自由通道两端分别布置了站前广场，并赋予不同的特征。富于开放感的北侧车站广场以人行为主进行规划，同时串联起百货商店、商业街等，成为联系周边繁荣氛围的核心。与之相对，南侧广场则承担整合地上交通流线的重任，是公交车和出租车等迎来送往，车流汇集的场所，成为连接周边区域交通网的起点。此外，在商业设施中也设置了广场，旨在打造商业设施内部人气核心。对附近居民而言，这里是一年四季中，无论工作日或周末，都可以愉悦散心的场所。

【图15-1】

【图15-2】

　　面积不大却千变万化的广场，不仅成为居民日常生活的一部分，也担任着连接城市与车站的重任。

　　多姿多彩的广场规划，与车站名称"多摩广场"也相得益彰，遥相呼应。

【图15-3】车站广场约40米×50米。通过高差和植被的配置，在主流线上创造出令人愉悦的休憩场所。

40m

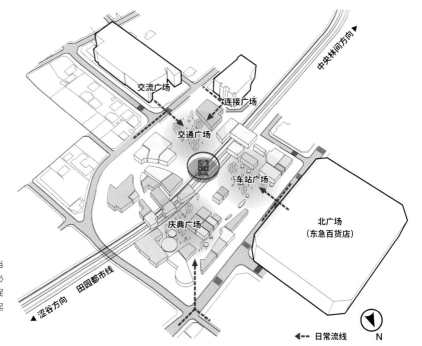

【图15-4】

广场容纳各种日常流线

以车站检票口为中心，在街区起点处恰当地布置广场。在车站中乘客搭乘电车的必经之路的主流线上设置广场，不仅能够促进广场的日常使用，也能在集会活动时起到聚集人气的效果。

交流广场

连接广场

交通广场

中央林间方向

车站广场

北广场
（东急百货店）

庆典广场

涩谷方向　田园都市线

◀--- 日常流线　　N

50m

20m

5.2m

【图16-1】

丝绸之路——串联车站与公园的立体绿轴 16

二子玉川站 二子玉川RISE 〔类型 B〕

【二子玉川RISE】设计监理：
I 期 RIA·东急设计咨询·日本设计设计联合体
II 期 日建设计·RIA·东急设计Consultant设计联合体

　　缎带街道（Ribbon Street）是一条全长约1000米的步行街，自二子玉川车站西侧起，贯穿整个城市更新区域，最终连接到二子玉川公园及多摩川河岸。这条流线经历了交通、人文到自然的过渡——从熙攘的站前进入丰富的文化空间，再过渡到生机盎然的自然景观。一路移步换景，富有趣味。

　　二子玉川日出街区（二子玉川RISE）包括两部分：站前的集中商业设施及沿缎带街道的低层开放型商业街。开放型商业街以促进人行与城市的回游为基本战略，在流线的关键节点上布置广场空间；在招商方面也积极吸引如茑屋家电等强调生活方式或体验式的新型业态。此外，为了提升居民日常生活的便利性，将超市设置于地下，而蔬果

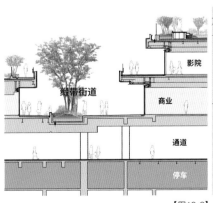

【图16-3】

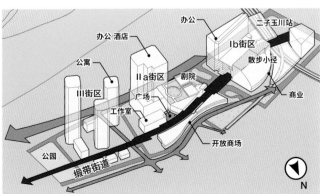

【图16-4】

工作室

公园

3层散步小径

缎带街道

屋顶花园
3层~5层屋顶绿化

车站
二子玉川站

【图16-2】

店一类沿街店铺则设置在生活主流线上。

为了不使冗长的步行街显得乏味，缎带街道上布置了可以促发活动集会的、多种尺度的广场空间。尤其在位于中心位置的Ⅱa街区——通过在面对缎带街道一侧布置各种文化艺术设施和独特性街铺的手法，成功地打造出极具特色的步行空间。

在建筑屋顶上规划了人行可达的绿化区域，不仅与缎带街道在立体流线上衔接，还营造了沉静舒缓的休憩场所，使得"喧嚣"与"宁静"两种截然不同的空间体验在三维空间中得以连续。在面向缎带街道的中央广场相邻处设有工作室，举办活动时可一体化利用。这不仅提升了办公的便利性，也使这里成为了文化信息的发信源。办公空间和开放型商业街相辅相成，共同形成了各式活动云集、欣欣向荣的区域核心。

【图16-5】对工作室和广场的一体化利用进行尝试。在周末及节假日也洋溢着繁华热闹的气氛。

【图16-6】在步行街（Galleria）的流线上举办活动，可在连桥上眺望到活动现场。

【图16-7】屋顶绿化区域中设有生态园和体验菜园等多种设施。

17

城市牧场——站顶之上的空中绿地

上海 龙华中路站 上海绿地缤纷城

类型 C

【上海绿地缤纷城】设计者：日建设计

　　上海绿地缤纷城是以地铁 7 号线和 12 号线的换乘点龙华中路站为中心进行的城市更新项目。由于基地中央地铁站的存在及轨道上空建设规范限制，建设用地被分割成两个区域。针对这个现状，将轨道上方规划为步行街主流线，并以步行街为最低点向两侧逐步布置裙房体量，宛如向天空延伸的绿色大地，形成了建筑与步行街一体化的城市新地标。同时通过对建筑体量及绿化进行环境模拟解析，将连接地铁与公交枢纽的商业主街及商业公共空间设置为无须空调的半室外空间，从而营造出能够感知自然的节能环保型城市建筑。

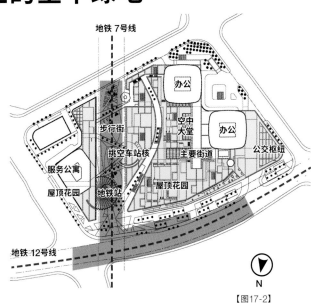

【图17-2】

【图17-1】

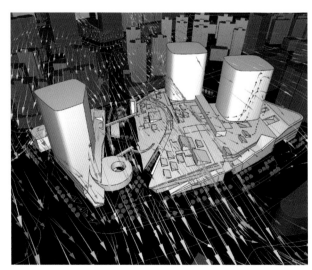

【图17-3】气流模拟（夏季盛行风）

【图17-4】表面温度分布模拟
（左/无屋顶绿化　右/屋顶绿化）

通过将裙房处理为坡状，并在退离"山谷"的位置布置塔楼，以利于夏季盛行风的流通；而屋顶绿化在降低建筑主体温度的同时，也减弱了地面反射，从而营造出更舒适的室外空间。

[图17-3图例]　　　　　[图17-4图例]
风速[m/s]　　　　　　温度[℃]

0.0　1.0　2.0　3.0　　30　40　50　60

【图17-5】车站正上方。步行街上设有绿意盎然的半室外咖啡厅。

连通地铁站与商业的挑空车站核（Void Core），与公交枢纽站以及屋顶空间也直接相连，是商业主步行街的重要节点。沿绿化屋顶依势上升的扶梯，既可感受到背后步行街热闹的氛围，又引导着人们登上屋顶区域。在步行街和屋顶上，点缀布置着多个令人身心愉悦的休憩场所，成为喧嚣都市中供人休憩的宁谧绿洲。

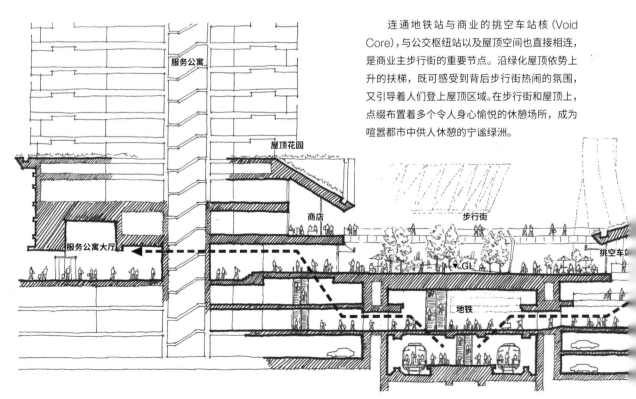

服务公寓

屋顶花园

商店

服务公寓大厅

步行街

挑空车站

GL

地铁

【图17-6】屋顶城市公共空间。利用倾斜屋顶设置的滑梯，深受儿童喜爱。

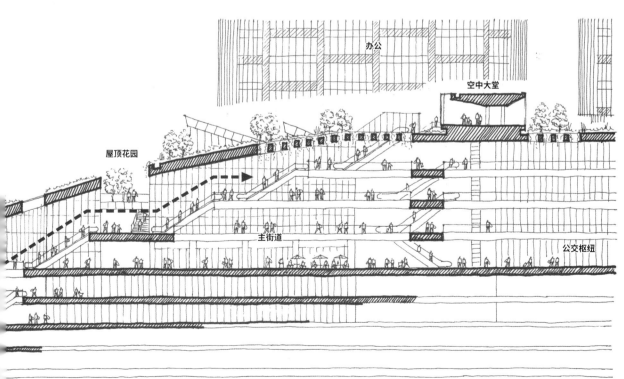

办公

空中大堂

屋顶花园

主街道

公交枢纽

【图17-7】

城市山丘——
釜山站前的100个公共广场

18

釜山站 类型 C

【釜山站】设计者：日建设计

100m

200m

[그림18-1]

075

釜山是一座位于韩国南部的港口城市，自1950年以来，人口和经济规模实现了高达300倍的快速增长，成为韩国第二大城市。本项目是釜山站区域的站前广场城市更新规划。项目位于地势起伏的市中心与港口之间，将港口周边的大规模再开发与现有城市功能衔接在一起。

本项目中新增的阶梯状屋顶花园，形成了连接原有车站的3层大厅和1层地面交通广场的斜面，一体化串联城市和车站。这个阶梯状屋顶花园，不仅消化了城市与车站两端的地坪差，还容纳了各种规模的室外公共活动场所，例如画廊、集会场所、租赁用办公室等，旨在激发人们更多的活动行为，给整个地区带来活力。

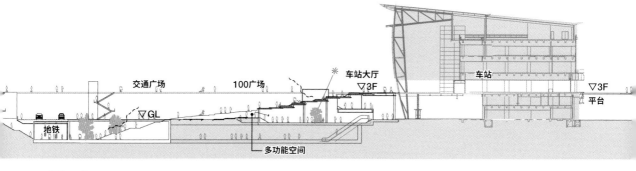

【图18-2】
剖面图。通过阶梯状开放空间以及小规模多功能公共设施的规划，将现有韩国高速铁路釜山站地上3层大厅与地铁地下1层大厅进行一体化连接。此外，为了促进当地文化创意产业的发展，在其中配置了展示空间、研究与教育机构的卫星办公室以及当地的社区活动空间等公共设施。

【图18-4】

多种活动

	广场	露天剧场	森林/花园
开放空间			
	阶梯园道	入口	电梯
流线节点			
	玻璃体块	观景平台	下沉广场/展厅
创意交互			

【图18-3】
在被命名为"100广场"屋顶花园的各个层高上分别布置了各种规模的绿地和活动广场，
为人们提供丰富空间体验的同时，激发了人们更多的活动交流，激活了街区的活力。

【图18-5】

19

解放屋面——
离星空最近的车站广场

涩谷站 涩谷Scramble Square 类型 C

【涩谷Scramble Square】设计者：涩谷站周边整顿联合体
（日建设计·东急设计咨询·JR东日本建筑设计事务所·Metro开发）
设计者：日建设计，隈研吾建筑都市设计事务所，妹岛和世·西泽立卫事务所

在此规划项目中，将涩谷站大厦（涩谷Scramble Square）中央栋4层和10层的屋顶广场打造为公共空间，并在其中设置高新技术发布会场和国际交流设施，打造出可举办各种活动的场所。此外，在东塔楼屋顶设置观景平台，保证各楼顶广场均可俯瞰到东西两侧站前广场和涩谷站前十字路口的景象，进而与城市中穿梭的行人形成视线互动，扩展城市景观。

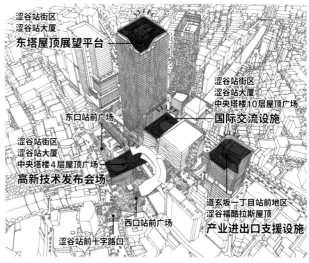

【图19-2】涩谷站中心地区的屋顶广场布置示意图

【图19-3】涩谷站街区 涩谷站大厦东塔楼屋顶观景设施示意图

©涩谷站街区共同建筑开发商

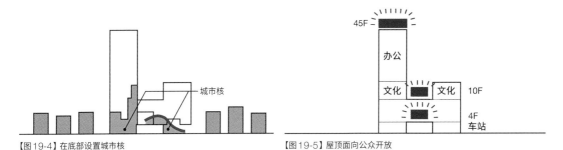

【图19-4】在底部设置城市核

【图19-5】屋顶面向公众开放

涩谷站街区 涩谷站大厦
——屋顶观景平台

　　将涩谷地区最高,约230米的塔楼屋顶空间开辟为360°无遮挡的观景平台。在这里,可以眺望到代代木公园后方成片的新宿摩天大厦群、六本木方向的市中心,乃至富士山的景象。此外,世界知名观光名胜、被称为世界上通过人数最多的十字路口——涩谷站前十字路口也可尽收眼底。这个观景平台可谓是能够真切感知涩谷独有动感魅力的绝佳场所了。

【图 19-6】八公前广场视角的示意图 ©涩谷站街区共同建筑开发商

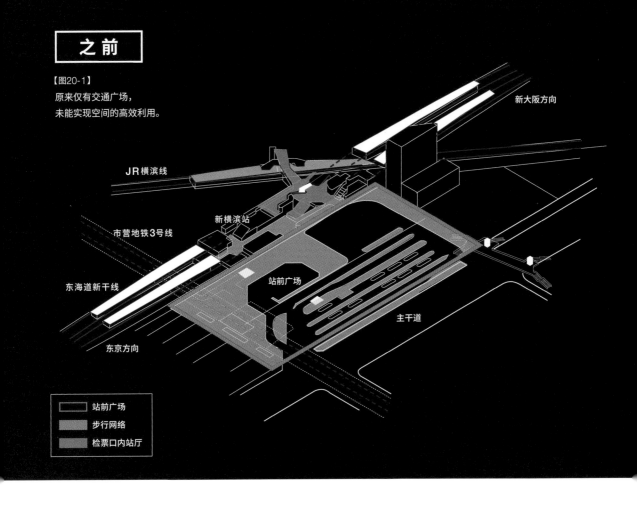

之前

【图20-1】
原来仅有交通广场，
未能实现空间的高效利用。

新大阪方向

JR横滨线

市营地铁3号线

新横滨站

东海道新干线

站前广场

主干道

东京方向

□ 站前广场
▨ 步行网络
▨ 检票口内站厅

挑战极限1——站前叠加的交通广场

新横滨站 Cubic广场新横滨 　类型 D

20

【Cubic广场新横滨】设计者：新横滨站整备工程·车站大楼实施设计联合体（日建设计·JR东海Consultants）

在车站附近需要设置公交与出租车枢纽等交通广场以及步行广场等空间。但是，人流密集的车站，其他各种设施也会在周边聚集，进而逐渐导致车站可发展空间的不足。

在确保铁路与道路交通顺畅换乘的同时，应如何规划才可营造出能举办大型活动的人行广场呢？

作为城市规划中的指定设施（称为"城市设施"），站前广场的属性被定义为道路，是不可与普通建筑物重叠设置的。但是，在"立体城市规划"制度开始施行后，站前广场与建筑物的叠加成为可能。

在以前城市规划法中，道路、河流等的城市设施只被定义为平面概念的"区域"，而没有立体方面的规定。开发区域内的建筑物的建设，即使对城市设施的建设没有任何影响，也必须取得建设许可。随着2000年的城市规划法修订，在城市规划中可以对道路等城市设施进行立体范围的定义，因此使得在城市设施内建设建筑得以实现。

在新横滨立方广场（Cubic）项目中，新横滨站被完全包裹在内。为了在有限的土地面积内同时满足公交与出租车与社会车辆停靠的需求，并确保步行广场的空间，充分利用了立体城市规划手法，将原本定义为道路的站前广场在车站大楼中进行叠加。车站大楼的1层规划为公交车、出租车枢纽，2层为可与站厅一体化利用的广场，地下则将城市新规划的停车场与大楼的地下停车场进行整合规划。

之后

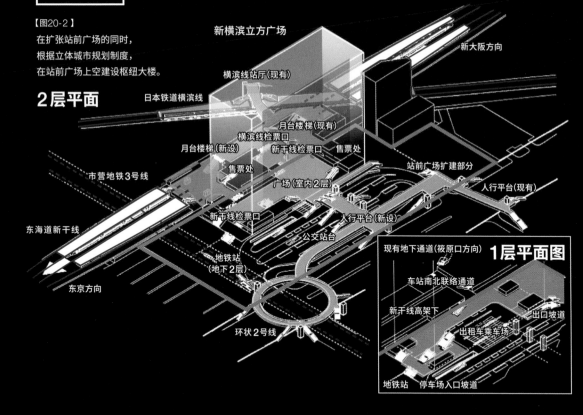

【图20-2】
在扩张站前广场的同时，
根据立体城市规划制度，
在站前广场上空建设枢纽大楼。

2层平面

新横滨立方广场

新大阪方向

横滨线站厅(现有)

日本铁道横滨线

月台楼梯(现有)

横滨线检票口

月台楼梯(新设)

新干线检票口　售票处

售票处

站前广场扩建部分

市营地铁3号线

人行平台(现有)

广场(室内2层)

新干线检票口

人行平台(新设)

东海道新干线

公交站台

1层平面图

现有地下通道(筱原口方向)

地铁站
(地下2层)

车站南北联络通道

东京方向

新干线高架下

出口坡道

出租车乘车场

环状2号线

地铁站　停车场入口坡道

【图20-3】东南侧外观

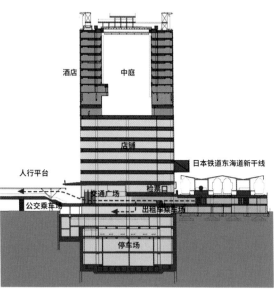

酒店　中庭

店铺

人行平台

日本铁道东海道新干线

交通广场

检票口

公交乘车场

出租车乘车场

停车场

【图20-4】
充分利用2层交通广场以上的区域与车站直接联结的优势，在3～10层布置商业，在11层以上布置酒店和写字楼。10层兼具酒店大堂层的功能，还在此设置了可以直达1层出租车候车区和2层车站检票口的穿梭梯，使得高层区流线更加顺畅便捷。

挑战极限2——轨道上空的公交枢纽

新宿站 BUSTA新宿·JR新宿MIRAINA TOWER   类型 D

21

【BUSTA新宿·JR新宿MIRAINA TOWER】
设计者：东日本旅客铁道·JR东日本建筑设计事务所

在新宿站新南口铁道线路上空，一片横跨了16条铁道线路的巨大人工平台横空出世。在这个人工平台中央规划的公共空间广场，成为连接新宿南方平台与新宿高岛屋百货步行平台网络的起点。平台不仅向东西两侧延伸，更与周边开发项目连接，无论从便捷性、安全性，还是从营造整体繁华气氛的角度来说，都具有无限的发展潜力。

为了解决新宿站交通基础设施一度处于饱和状态的这一难题，充分利用国道20号线（甲州街道）跨线桥翻新施工时的作业平台，将这块约120米见方的高架"大地"打造为高速大巴以及出租车等的交通节点。虽说铁道线路上方的建设无论从结构、施工，还是从安全性方面来看，都十分困难，但是，这也恰恰展示了在高密度饱和状态的城市中，土地开发的新的可能性。

【图21-1】

【图21-2】东西剖面图 对功能进行叠加

将铁道线路上空的2层空间规划为以人行为主的平台，旨在实现铁道乘客从车站检票口至周边步行空间的无缝衔接。通过这个以车站南侧广场为中心、具有高度开放性的公共空间，人们既可以前往低层区的商业与文化设施，亦可以到达高层区的写字楼。可以说，这是一个以车站为首的交通枢纽和复合用途紧密结合的典型TOD案例。

[图例]

▨▨ 办公

▨▨ 商业

▨▨ 文化（工作室等）

【图21-3】人工平台与国道翻新的作业必须在保证通行能力的情况下进行，因此会花费较长的时间。为了确保安全临时通道的切换工作按时完成，这项工程需要结合施工节点进行较为复杂的调整。

交通用途的多层次化

来自甲州街道的私家车以及公交车道，环绕着建筑悬架在步行通道上方。3层、4层各交通设施的接驳出入口、出租车设施和4层的公交车设施均被认定为国道20号线的附属设施，视为道路。因此其道路形状和标识等均是严格按照国道道路规范进行设计的。

作为公共空间的广场不仅确保了通勤、上下学等人行流线的顺畅性，还通过设置高差、绿化等手法，营造出人性化尺度的停留空间。

【图21-4】

【图21-9】
将广场一侧体量进行阶梯状切分，营造出人性化尺度的公共空间；与此同时，甲州街道一侧则维持完整体量，以形成大气规整的城市形象。

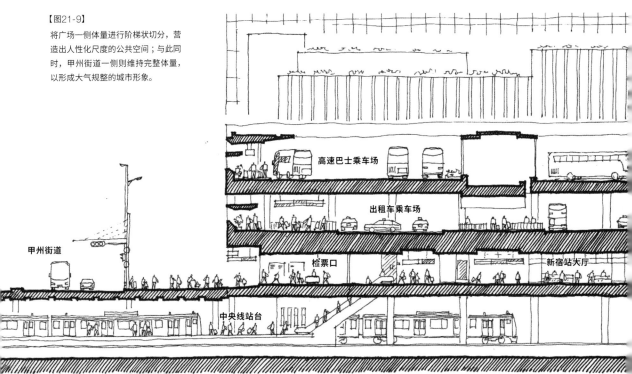

甲州街道　　高速巴士乘车场　　出租车乘车场　　检票口　　新宿站大厅　　中央线站台

4F

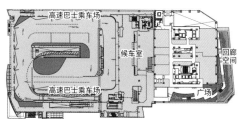

高速巴士乘车场

候车室

回廊空间

高速巴士乘车场

广场

【图21-6】4层主要规划为公交乘车层，与落客流线不发生交叉。

3F

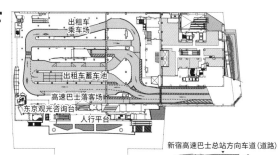

出租车乘车场

出租车蓄车池

高速巴士落客场

东京观光咨询台

人行平台

新宿高速巴士总站方向车道(道路)

【图21-7】悬挑的车道体量。

2F

甲州街道检票口

办公入口

检票口内大厅

新宿米莱纳塔检票口

店铺入口

新南检票口

店铺入口

检票口外大厅

广场

N

【图21-5】

【图21-8】通过设置高差以及布置植被的手法，营造出近人尺度空间。

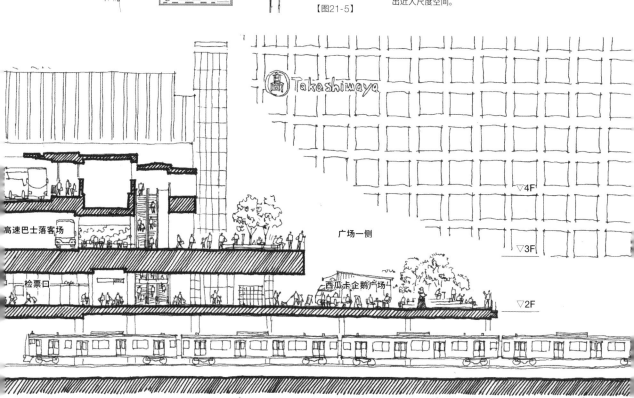

高速巴士落客场

检票口

广场一侧

西瓜卡企鹅广场

▽4F

▽3F

▽2F

实现巨大客流量运输的车站——新宿站

【图21-10】手绘示意图：田中智之（TASS建筑研究所·熊本大学）

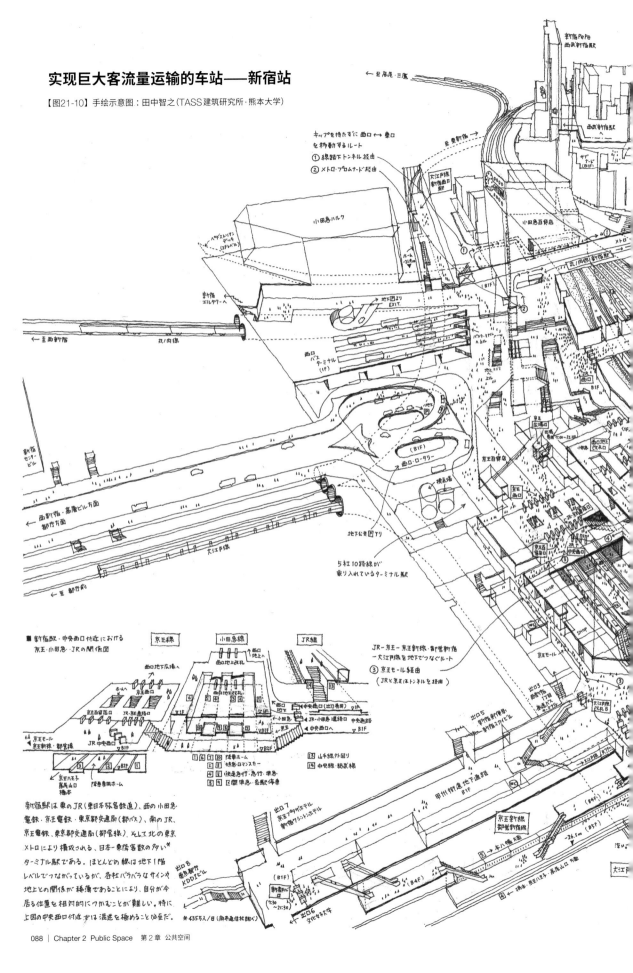

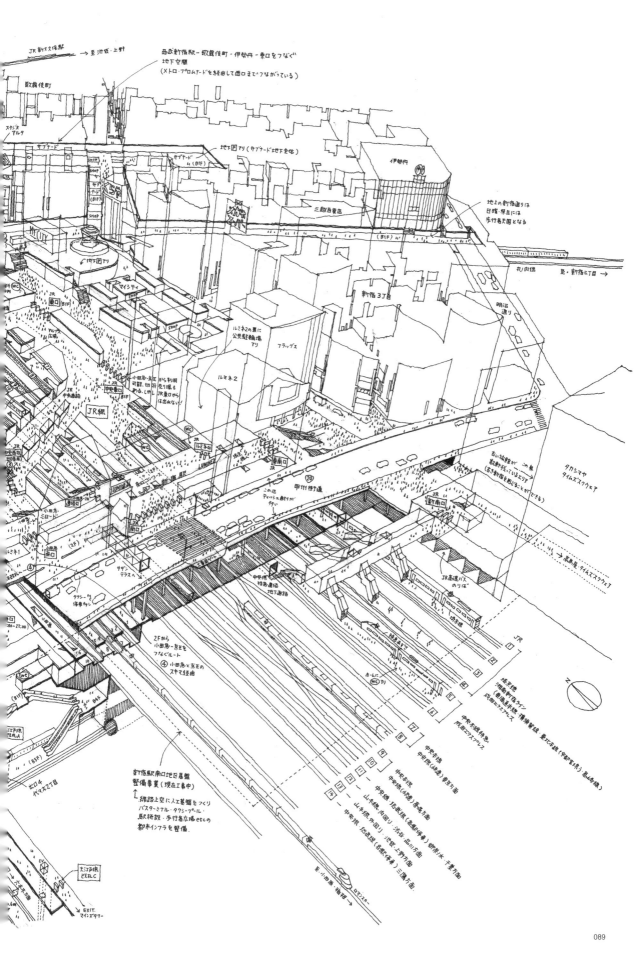

纽约高线公园
The High Line

在美国纽约市的曼哈顿西南部，一段废弃的、长达2.3千米的西线铁路支线的高架部分，重建成了包含公园等在内的公共空间。高线公园重建工程于2006年启动，2009年第一段工程完工，2011年第二段工程完工，2014年第三段工程，也就是最后一段完工，正式向市民开放。高线公园开放后每年接待游客超过500万人次，成为了著名的观光景点。曾经贫民窟化的区域，现在洋溢着繁华的气息；原本割裂了这个地区且无人问津的铁路也重新焕发生机，成为深受人们喜爱的公共休憩场所。高线公园也由此成为了城市振兴的领航者，之后在其附近先后涌现了30多个重建再开发项目。其中，与高线公园相连的哈德逊庭院再开发项目规模十分庞大，包含16栋超高层塔楼——约110万平方米的办公、住宅及商业设施。

出处：https://www.thehighline.org/、F. Green and C. Letsch. "New High Line section opens, extending the park to 34th St.". Daily News、https://www.hudsonyardsnewyork.com/

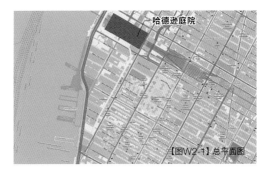

【图W2-1】总平面图

【图W2-4】宜人的人行空间

【图W2-2】丰富的公共空间

【图W2-3】充盈的绿化空间

【图W2-5】高线公园背后正是哈德逊庭院再开发项目

世界贸易中心车站
World Trade Center Station

世界贸易中心车站是位于曼哈顿世界贸易中心 (后略WTC) 中的枢纽站。原车站已在2001年"911事件"中被损毁,临时车站于2003年开始运营。在2016年世贸中心交通枢纽站 (WTC交通枢纽) 终于重新向公众开放。车站位于WTC2街区和WTC3街区之间,外观如同舒展的鸟翼。其地下一层的广场作为重要的流线汇集点,将新世贸中心建筑群和国家911纪念馆和博物馆等设施顺畅地连接在一起。另外,在广场周围还规划有约34,000平方米的大型商业购物中心,与博物馆等其他公共设施互相连通,行人终日络绎不绝。至此,世界贸易中心车站终于翻过悲伤的篇章,成为象征着这个城市希望和未来的区域中心。

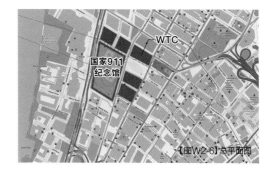

【图W2-6】总平面图

【图W2-7】车站外观

【图W2-8】车站室内

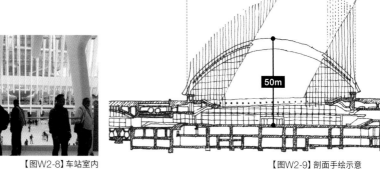

【图W2-9】剖面手绘示意

【图W2-10】车站室内

铁道车站的疏散与车站大楼的疏散
——TOD的疏散规划①

车站大楼等建筑审批范围内的疏散，必须遵从建筑基准法的规定进行规划。那么铁道车站的疏散呢？

铁道车站的月台部分属于建筑审批范围以外，因此，以列车为起点的疏散规划需要由持有铁道事业法许可证的铁道运营商进行安全性确认。但是在TOD中，

对于来自原本不在审批范围的"检票口内侧区域"的疏散者，也必须纳入到建筑审批的疏散规划之内。由于无法对疏散者进行分类，因此必须规划出能够保证所有疏散者最终可以疏散到安全地点的、完整的疏散路径规划。

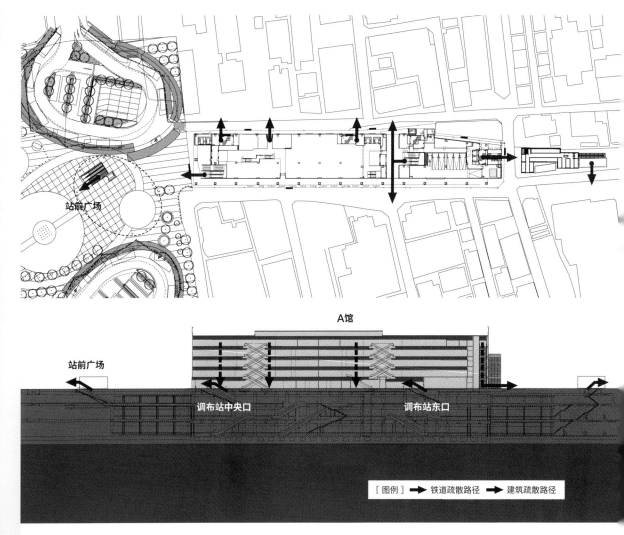

【图E2-1】京王线调布站疏散方式

在京王线调布站，从地下开始的疏散路径经过三木京王调布A馆一层广场口站前空间及东口的南北通道疏散到地面层。
三木京王调布A馆的疏散原则为：尽可能避免与铁道车站疏散路径的混合，均采取直接通过疏散楼梯进行疏散的方式。

连接与切断
——TOD的疏散规划②

在一体化连接了多条线路的TOD中，人们往往会跨越基地红线来回穿梭。按建筑基准法规定，应该以基地为单位进行报审，但在消防法中，需要根据有无防火区域的划分，采取不同的评判标准。

如果没有采取防止火灾蔓延的措施，那么即便跨越基地边线相连区域仍被定义为一个消防活动对象（消防

法称为"防火对象"），需要组织一体化消防体系。但若两侧分属不同的铁道公司管辖，构筑一体化指挥系统就会异常困难。因此，通常会通过设置双重防火卷帘，形成防蔓延隔断空间（即"缓冲带"），达到分离各防火对象区域的目的。

综上所述，TOD的疏散规划中，需兼顾连接与切断。

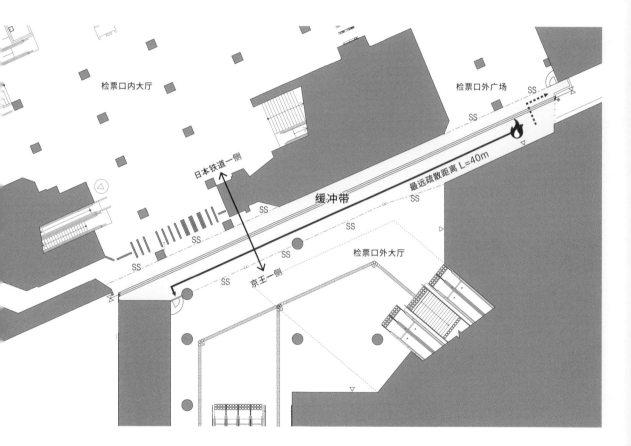

【图E2-2】吉祥寺站的缓冲带实例

在奇那丽那京王吉祥寺中，JR线的检票口规划在2层，京王井之头线吉祥寺站的检票口规划在3层。通过与检票楼层一体规划的通高空间，人们可以看到3层JR线月台上列车穿梭的景象。在2层无通高的范围内设置双重防火卷帘与出入口，形成缓冲区，以分离各防火、防烟分区。

【图E2-3】从京王一侧望向缓冲带。

←3

流线

22 — 31 Circulation

TOD的成功与否，取决于能否高效地将人流由车站引导至城市。

东京都中心区域的车站，由于多为阶段性开发，所以大多伴随着换乘流线过于复杂、车站到城市流线混乱、无障碍设施缺失等问题。如何解决这些难题，成为了TOD的一个重要课题。

为了实现TOD中各流线的顺畅和高效，常会将以下几种空间置入到流线设计中：

① 车站核——连接车站和TOD内各设施的垂直流线空间。

② 城市核——将车站核通过连桥等水平流线连接，从而实现TOD与城市连通的流线空间。

③ 城市走廊——连接车站与城市的水平流线空间。

④ 地下街——在地下连接车站与城市的流线空间。

将这些空间配置在容易到达的位置，就可以营造丰富有趣的移动空间。

在此之上继续加强这些空间在外观上的辨识度，既可以达到"移动方向明确易懂"的目的，又可以激发出城市和建筑之间"看与被看"的关系，使得空间成为聚集城市人气的装置。

这一章，将通过具体事例介绍TOD中这些极具魅力的流线空间。

流线类型
Circulation Typology

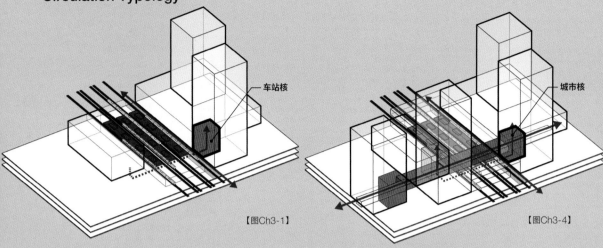

车站核

【图Ch3-1】

城市核

【图Ch3-4】

| 类型 A | 车站核 |

车站核是将车站和车站大楼联系在一起的纵向流线空间，是TOD中最基本的单位。特别是针对地下车站，它的贡献能得到更大体现。通过将自然光和风从地上引入，从而使地下空间更加舒适。横滨港未来站就是其中的代表。

| 类型 B | 城市核 |

城市核是将车站、车站大楼以及城市这三者立体而有机地紧密联系在一起的流线空间。特别是在东京都中心高密度、大规模的复合式开发模式中，为了能将复杂的流线更加高效地整合联系在一起，利用连桥等明确的水平流线将数个车站核连接起来，并最终将人流引导至周围街区。包含涩谷未来之光在内的涩谷车站片区的开发就是这种类型的代表。

【图Ch3-2】港未来站

【图Ch3-5】涩谷站大厦（涩谷Scramble Square）

【图Ch3-3】港未来站

【图Ch3-6】涩谷未来之光（Hikarie）

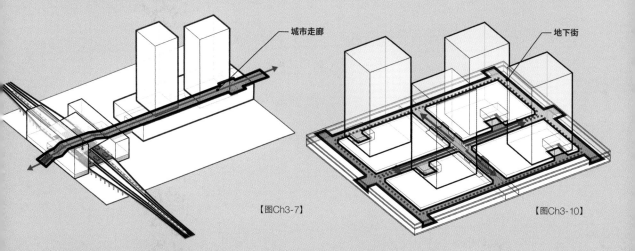

城市走廊

【图Ch3-7】

地下街

【图Ch3-10】

<table>
<tr><td>类型 C</td><td>城市走廊</td></tr>
</table>

　　城市走廊主要表现为连接车站和城市的水平流线空间。在郊外或是东京都副中心等地区的开发中，通过室外或半室外的长廊空间将地上车站和城市连接起来，并在其周边配置商业设施，穿插广场或公园等公共空间，来激发城市的活力。这种组合机制即为城市走廊。二子玉川日出街区（二子玉川RISE）的缎带街道（Ribbon Street）及大阪车站的站前广场就是这种类型的代表。

<table>
<tr><td>类型 D</td><td>地下街</td></tr>
</table>

　　地下街主要表现为地下车站之间的步行网络，通过将车站和车站大楼在地下连接起来，使在平面上进行大范围的移动变为可能。由于商业店铺或是下沉广场等公共空间的配置，使其成为了街区的亮点而被人们所熟知，这样的案例还有很多。东京车站及大阪车站周边的地下街，都是这种类型的代表。

【图Ch3-8】六本木一丁目站 泉水花园

【图Ch3-11】东京站 银铃广场

【图Ch3-9】大阪站前综合体(Grand Front大阪)

【图Ch3-12】大阪站周边地下街

22

车站核——
购物中庭里的开放站台

港未来站 横滨皇后广场 类型 A

【横滨皇后广场】设计者：日建设计・三菱地所一级建筑师事务所

【图22-1】
从车站核空间向下望向月台

【图22-2】从月台向上望向车站核空间

【图22-3】挑空车站核的室内效果

　　港未来站的站台位于地下6层标高处，其上方是一个直达地上2层皇后广场的通高空间。这个空间便是连接车站与商场一体化的流线空间——车站核。在皇后广场内，车站核的地上部分呈现为开放的玻璃中庭，整个空间贯穿着具有代表性的红色扶梯。从这里向下望，可以看见正驶进车站的列车。通常隐藏的地上与地铁的联系在此处一览无余，流线空间也变得清晰可见。

　　此处的站城连接，是通过开发初期对车站位置的调整而实现的，也是车站核最早期的实例。

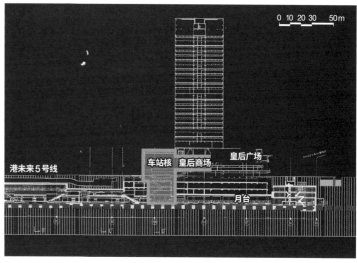

【图22-4】剖面图

城市核——
连接站城的场景空间

23

涩谷站 涩谷未来之光 　类型 B

【涩谷未来之光】设计者：日建设计·东急设计咨询联合体

　　东京地下铁副都心线的开通以及其与东急东横线的直通运行，是涩谷未来之光（Hikarie）城市核整顿工作的契机。未来之光的城市核，纵向上联系了地下3层的副都心线检票层与地上4层的功能空间；横向上通过2层的高架平台联系了明治大道到青山大道的流线。城市核坐落于横竖流线的交点位置，实现了车站与城市的连接。在这样一个站城一体化的空间中，除了简单明了的流线组织，还应具有可激发城市活力的剧场般的空间感染力。

　　在日本，地下商业大多设置到地下二层为止，然而涩谷未来之光却将其延伸至了地下三层——主要是为了吸引更多来自副都心线的人流，同时又保证车站的人气能够持续不断地传送到城市中来。

　　此外，城市核这个壮观的通高空间，不仅将自然光引入到地下车站，还兼具将铁道设施的废热排出到室外，以及充当轨道车站与车站大楼之间防灾缓冲带的功能。

　　在民间的项目开发中，上述保证公共交通流线的规划会被视为对城市的贡献点，可以利用"都市再生特别地区制度"获取容积率上相应的奖励。

【图23-1】2层站厅

【图23-2】地下3层站厅

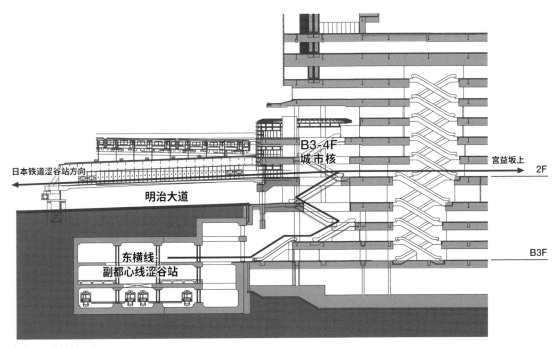

【图23-3】城市核剖面图

翻"线"越"谷"——穿越涩谷的新地形

24

涩谷站 涩谷Scramble Square [类型 B]

【涩谷 Scramble Square】设计者：涩谷站周边整顿联合体
（日建设计·东急设计咨询·JR东日本建筑设计事务所·Metro开发）
设计者：日建设计、隈研吾建筑都市设计事务所、妹岛和世、西泽立卫事务所

在涩谷车站，各铁路公司的站台和站前广场都在不同标高且相互叠加，因此换乘流线异常复杂。站前广场中留给步行者的停留空间不足，流线错综，导致步行者的安全无法得到保障。而在车站周边地区，受到谷地地形、城市干道以及铁路的切割，车站与邻近街区的联系路网非常脆弱；城市干道的车辆通过与车站的车辆到达相互干扰，逐渐导致交通堵塞状况愈发频繁。再加之非法停车、违规卸货等问题，使得周边的交通环境也不断恶化。

为了解决这些问题，在涩谷车站的周边区域开发中，通过建立立体的步行网络来消解地形的高差以及城市的割裂现象，从而确保车站周边地区拥有安全放心的步行环境。另外采用与涩谷未来之光（Hikarie）相同的手法，利用地面、2层平台、地下的多层网络来加强车站到城市的水平连接，引入城市核，将不同标高的网络进行纵向贯通。这一举措的意图是提高换乘空间的效率，实现无障碍通行，并提高行人的便利性及舒适性。

在涩谷站城开发——涩谷站大厦（涩谷 Scramble Square）项目中，各种设施将车站包裹在内，并分别在东西两侧设置城市核连接车站与城市。东口城市核依次纵向连接地下2层东急东横线及东京地下铁副都心线、1层JR线检票口、3层JR线及东京地下铁银座线检票口，最终直达4层。再通过4层的高架平台，跨越谷地，构筑起从宫益坂到道玄坂的步行平台网络，与周边地区的开发工程携手并进，将人与城市紧密地联系在一起。

日本铁道线路月台

涩谷站街区东口城市核

涩谷川

【图24-2】城市核模式图

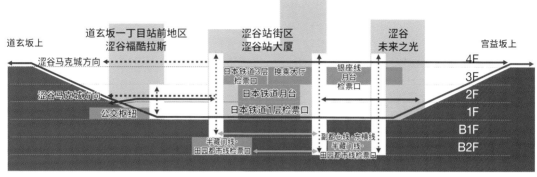

道玄坂上　　道玄坂一丁目站前地区　　　涩谷站街区　　　涩谷　　　宫益坂上
　　　　　　涩谷福酷拉斯　　　　　　涩谷站大厦　　　未来之光

涩谷马克城方向　　　　　　　　　　　　　　　　　　　　　　　　　　　4F
　　　　　　　　　　　　　　　日本铁道3层　换乘大厅　　银座线　　　　　3F
　　　　　　　　　　　　　　　检票口　　　　　　　月台
涩谷马克城方向　　　　　　　　　日本铁道月台　　　检票口　　　　　　　2F
　　　　　　公交枢纽　　　　　日本铁道1层检票口　　　　　　　　　　　1F
　　　　　　　　　　　　　　　　　　　　　　　　　　　　　　　　　　B1F
　　　　　　　　　　　半藏门线·　　　副都心线·东横线　　　　　　　　B2F
　　　　　　　　　　田园都市线检票口　半藏门线·
　　　　　　　　　　　　　　　　　田园都市线检票口

[图例]　—— 高架平台流线　　—— 地上流线　　—— 地下流线　　⋯ 垂直流线　　⋯ 至涩谷马克城的流线　　■ 车站设施　　城市核

明治大道

涩谷未来之光城市核

东京地铁副都心线·东急东横线月台

【图24-1】东口城市核示意图

涩谷站街区 涩谷站大厦裙房
俯瞰图

【图24-3】© 涩谷站前区域管理

羊城幽谷——
设计流动的绿翠风光

25

广州 新塘站 凯达尔交通枢纽国际广场

类型 B

【凯达尔交通枢纽国际广场】设计者：日建设计

【图25-1】

【图25-2】

这是一个以交通枢纽为中心，包含办公、商业、酒店等功能的复合开发项目（总建筑面积约36万平方米）。包括联系广州—深圳—香港的城际轨道车站及两条地铁线在内，项目内共有七条轨道穿过。

从2008年起，中国开始建设由南北及东西方向各四条线路组成的"四纵四横"高铁网络，并计划在2020年可以利用此高速铁路网络连接90%以上的人口超20万的城市。坐落在"四纵四横"最南端的凯达尔交通枢纽国际广场（ITC），凭借其在地理及经济方面的重要地位，成为中国规模巨大的基础设施建设进程中一块重要的基石。

【图25-3】

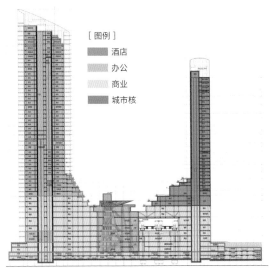

[图例]

酒店
办公
商业
城市核

【图25-4】剖面分区

【图25-5】区域分析图。凯达尔交通枢纽国际广场（ITC）是中国首个立体化的TOD项目，其影响范围广至整个珠三角区域。该项目基地位于广州新CBD的入口位置，作为交通基础设施的重要节点，支持着城市的发展与成长。

集地铁、城际铁路、公交车及出租车等各种交通手段于一身的大型复合型交通枢纽中，采用一体化设计手段，引入城市核和城市走廊的理念，从而能够快速、有效地集中和分散各种流线。流线设计的重点在于：首先整理目的性流线，既不可过于分散，也不可过于聚中，然后再将客流引入包含了商业或文化的复合设施中。城市核主要服务于换乘以及通向上盖设施的流线，城市走廊则主要承担将人流引向周边街区的作用。在这两个空间的交叉点，利用广场和展望平台等公共空间将各个流线更自然地融合在一起。

从任何人都可以轻松利用且一目了然的主流线上，延伸出连接商业等设施的分支，最终形成有机的网络。这一概念是流线梳理的关键。

城市走廊这种大通高空间不仅能起到引导客流的效

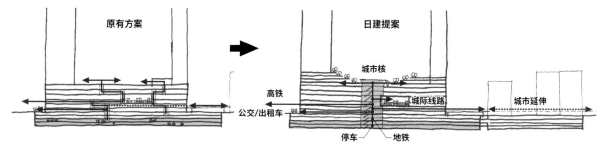

【图25-7】流线改善概念图。在多种公共交通混杂的情况下，错综复杂的流线是规划大忌。创造一个清晰明快，简单易懂的流线框架非常重要。

【图25-6】

果，也是引导光与风等自然元素往来的通道。这个贯穿地下2层到地上7层，高45米、宽20米、长120米的城市走廊在夏季时引入东南风，缓和了室外平均高达34度的气温，从而营造出舒适的室外环境。城市核与城市走廊不仅是站站换乘或站城联系的流线空间，更是一个在高密度TOD建筑中创造出舒适公共空间的环境装置。

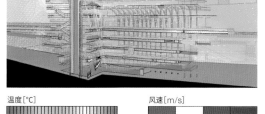

温度[℃]　　　　　　　　风速[m/s]

26.0　30.0　34.0　38.0　42.0　　0.0　1.0　2.0　3.0　4.0

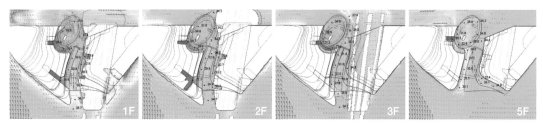

【图25-8】通过模拟验证气流和温度。

26

城市纵横——贯穿站城的垂直双核

重庆 沙坪坝站 龙湖光年 类型 B

【龙湖光年】设计者：日建设计

　　沙坪坝高铁枢纽综合开发项目位于重庆西侧的玄关位置。这里不仅是连通成渝高铁线路的站点，也是连接市内的地铁和公交车大站，每天的客流量高达40万人次。基地北侧地下7层为原有地铁1号线的位置。另外，与这次开发同步，又在地下7层和8层的位置新增了地铁9号线和地铁环线。基地内部靠北侧，地下1层、2层分别为公交车、出租车站点，靠南一侧地下4层为高铁出站大厅。面对如此复杂的基地条件，如何梳理各交通方式之间的换乘流线，车站与上盖设施以及车站与周边城市的流线，是这个项目最大的课题。由于地铁拥有压倒性的客流量，以此为切入点，强化地铁与上盖设施，地铁与公交车、出租车等公共交通，以及地铁与城市的联系——此为本次设计的主要意图。

　　首先，在所有公共交通流线相交处的东西两侧设置车站核，并使其与上盖设施直接联结。再以车站核为出发点，梳理公交车、出租车以及周边流线。通过在城市核周围设置商业设施，将自然和人气引入通高空间，构建换乘客流也能够愉悦使用的移动环境。

城市核

平台层

【图26-1】
剖面模型。在公共交通的换乘流线与通往城市的人行流线交点上，设置一个能够感受热闹氛围的换乘空间——城市核。从地铁站涌出的人潮穿过城市核，并在附近设施上形成回游流线。

地铁1号线（B7F）

地铁9号线（B7F）

【图26-2】剖面图。本项目的要点在于：在地铁、高铁站到公交车、出租车等末端交通及商业设施之间创造一条明晰易懂的流线，并使得这条流线能够感受到地上的氛围。

【图26-3】施工现场照片。地铁、道路等城市基础设施的建设，采用的是下挖到地下8层的全开挖方式。为保证沙坪坝高铁站的按时开通，上盖设施还在设计之时，铁路和交通广场等基础设施就已经先行施工。

1F

平台层

高铁站

7m

B4F

地铁9号线

地铁2号线

地铁环线

城市核

GL

地铁环线
（B8F）

地铁广场

MAX MARA

城市核

高铁

富有魅力的换乘空间

  城市核实现了位于地下7～8层地铁3线路、地下4层高铁、地下2层出租车站以及地下1层公交车站之间的高效换乘。同时将商业、办公大堂等围绕城市核布置，进一步汇聚了内部空间的人气。客流从地铁涌出，回游经过附属设施，最终被引入并分散到城市，完成了站与城的又一次融合。

【图26-5】

车站广场

地铁广场

地铁

【图26-4】

车站密码——解锁阪北的空中站厅

27

大阪站 Grand Front大阪 　类型 C

【Grand Front大阪】
整体规划：日建设计·三菱地所设计·NTT Facilities

【大阪Station City】
大阪站改建：西日本旅客铁道JR西日本Consultants
北门大楼：西日本旅客铁道 基本规划 西日本旅客铁道 日建设计（建筑）三菱地所设计（地域冷暖房）
南门大楼：安井·JR西日本Consultants设计联合体

　　检票口到乘车处、下车处到换乘口，以及下车处到出站口——在车站内部移动的过程中，这三处衔接点最易令行人困惑，导致流线的停滞。大阪车站也曾经一度如同迷宫一般。但是通过架设空中站厅，成功地将被线路切断的南北两侧城市肌理缝合起来，消除了流线的停滞。同时，在2层标高上，将空中大厅进一步与大阪站前综合体（Grand Front大阪）贯通，使车站的人气延伸到北侧的大阪商业街区域，启动了城北的开发。作为今后开发的一环，通过与绿意盎然的梅北2期的开发相联动，大阪的北区作为兼具便利与丰富自然的区域，城市活力将会得到更大提升。

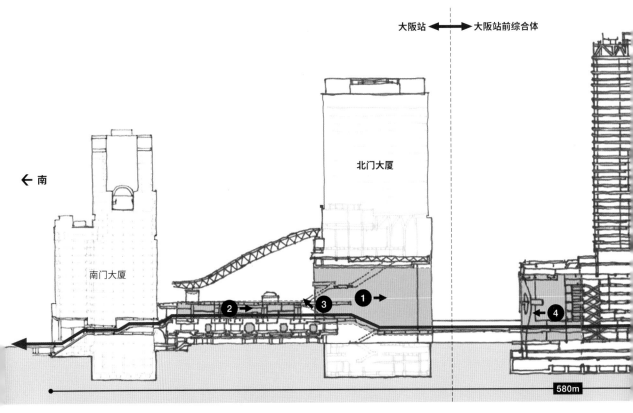

【图27-3】
横跨轨道全线的空中站厅

【图27-4】
衔接空中站厅的开放平台

【图27-5】
被称为"许愿骨（Wishbone）"的巨柱所在的半室外通高商业入口

【图27-2】打开大阪北区、充满活力的门户空间

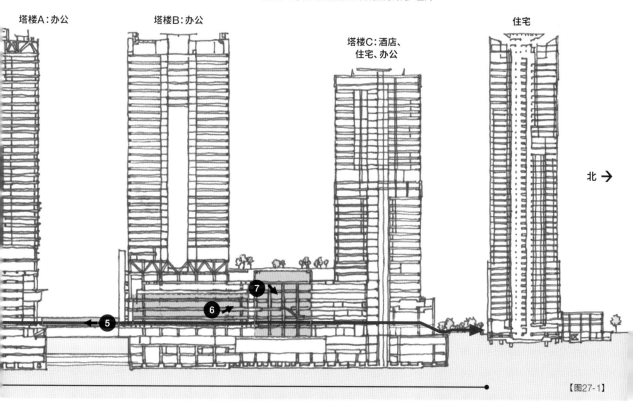

塔楼A：办公　　　　　塔楼B：办公

塔楼C：酒店、
住宅、办公

住宅

北 →

【图27-1】

【图27-6】
连接塔楼的玻璃屋顶连桥

【图27-7】
内置通高的立体商业空间

【图27-8】
7层通高的知识广场

站城有道——架起京桥的时空长廊

28

京桥站 京桥EdoGrand 类型 C

【再开发大楼】设计者：日建设计；【历史建筑物大楼】设计者：U.A建筑研究室·清水建设设计联合体

在京桥江户大厦(京桥EdoGrand)项目中，采用了架空建筑后，在其一层设置自由通道的做法，将车站和城市联通。同时在这个位于超高层塔楼正下方的公共空间的正中间，设置了标志性的扶梯，与地下1层的检票口相连。

这种将垂直流线进行可视化的做法，不仅仅使得设施内流线清晰易懂，更激发出公共空间令人舒适的张力。在空间各处布置的家具，兼顾日常休憩功能的同时，也给这一室外大空间增添了一分温馨，营造出近人的尺度感。

【图28-1】再开发大楼裙房(左侧)与明治屋京桥大厦(右侧)的外观对比

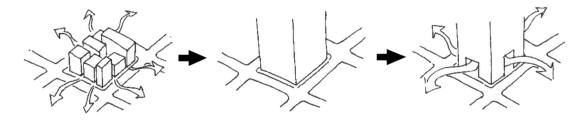

【图28-2】连接街区

京桥街区临近东京站，但是街区的划分非常细碎，因此至今都没有以街区为单位的开发。京桥江户大厦项目，以"共创型再开发"为理念，在项目裙房设计了多种多样的公共空间，包括一个31米通高中庭。这些开放空间串联相邻街区，得以营造出一个安全且富有魅力的新京桥区域。

京桥江户大厦同时也是历史建筑的保存与再生。京桥江户大厦项目由明治屋京桥大厦和新建的再开发大厦两栋构成。从中央大道望去，右侧为明治屋京桥大厦，左侧为再开发大厦的裙房部分。考虑到城市景观，将两栋建筑的高度对齐。目光转向立面部分，再开发大厦的裙房采用了玻璃幕墙，与明治屋京桥大厦充满历史感的立面形成对比，又相互衬托。

另外，京桥江户大厦的地下1层与东京地下铁银座线的京桥站相连。在通往下沉广场的自动扶梯周围，也配置了多种多样令人放松休憩的公共空间。

【图28-3】京桥江户大厦全景

【图28-4】地上贯通道路

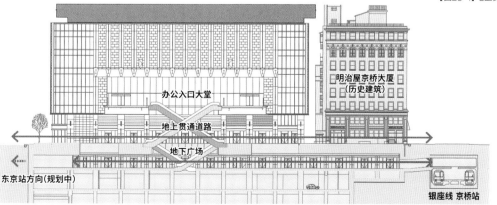

【图28-5】图示为与京桥站连接的地下广场处的挑空空间。未来此空间将通过地下通道与东京站八重洲地区直接连通。

城市隧道——潜入六本木的绿色通廊

29

六本木一丁目站 泉水花园·六本木Grand Tower　类型 C

【泉水花园】综合监修：住友不动产 设计方：日建设计
【六本木Grand Tower】综合监修：住友不动产 设计者：日建设计

六本木壮丽大厦　　泉水花园

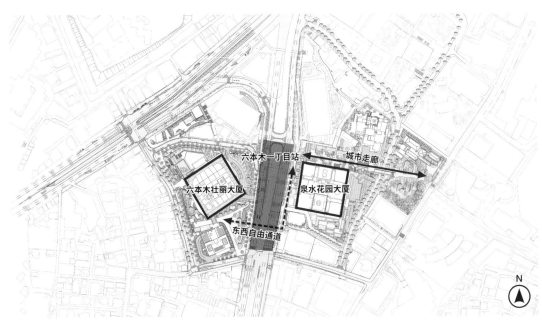

六本木一丁目站　城市走廊

六本木壮丽大厦　泉水花园大厦

东西自由通道

【图29-2】六本木一丁目站东西两侧的开发区域

东京地下铁六本木一丁目站位于麻布大道下方，东侧是泉水花园大厦，西侧是六本木壮丽大厦（六本木Grand Tower）·住宅·露台。地铁站有东西两处检票口，走出东口可感受到由泉水花园倾泻而下的充沛阳光，走出西口则直接连接到地铁站前广场。在以往被麻布大道分隔开的城市，通过连接两处开发的东西自由通道，穿过站前广场，形成了区域步行网络。

【图29-3】通向地铁站前广场的地上出入口

【图29-4】从西侧俯视连接地铁站前广场的下沉花园

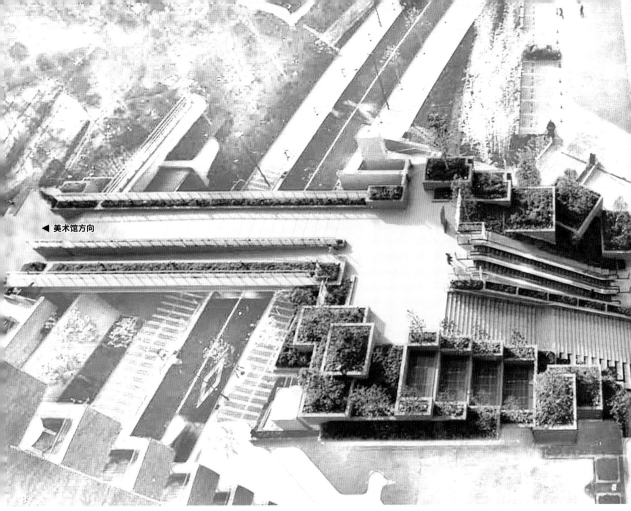

【图29-5】走出六本木一丁目东口检票口可感受到通过泉水花园阶梯状平台倾泻而下的充沛阳光。拾级而上可达美术馆或大使馆方向。

◀ 美术馆方向

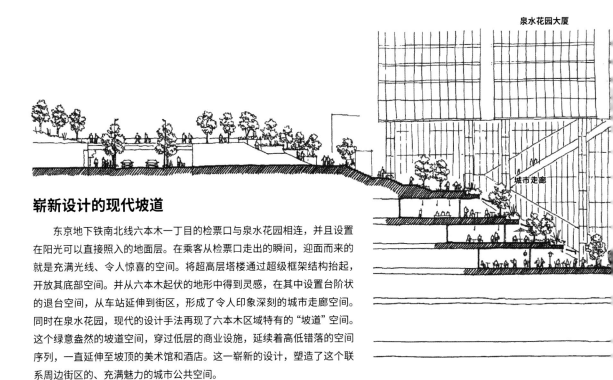

泉水花园大厦

城市走廊

崭新设计的现代坡道

　　东京地下铁南北线六本木一丁目的检票口与泉水花园相连，并且设置在阳光可以直接照入的地面层。在乘客从检票口走出的瞬间，迎面而来的就是充满光线、令人惊喜的空间。将超高层塔楼通过超级框架结构抬起，开放其底部空间。并从六本木起伏的地形中得到灵感，在其中设置台阶状的退台空间，从车站延伸到街区，形成了令人印象深刻的城市走廊空间。同时在泉水花园，现代的设计手法再现了六本木区域特有的"坡道"空间。这个绿意盎然的坡道空间，穿过低层的商业设施，延续着高低错落的空间序列，一直延伸至坡顶的美术馆和酒店。这一崭新的设计，塑造了这个联系周边街区的、充满魅力的城市公共空间。

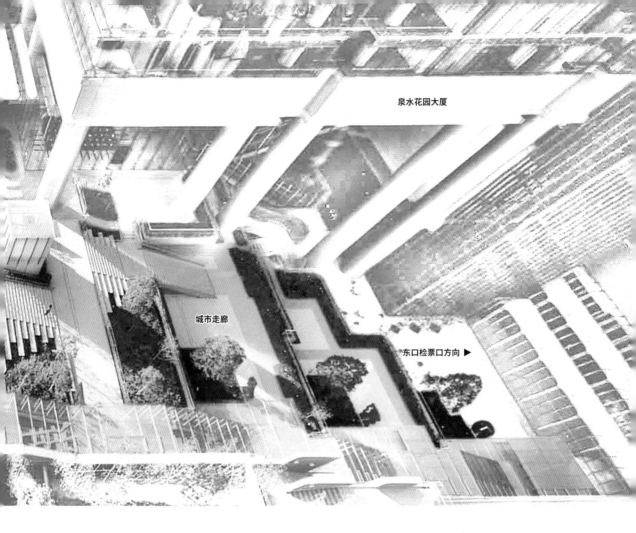

泉水花园大厦

城市走廊

东口检票口方向 ▶

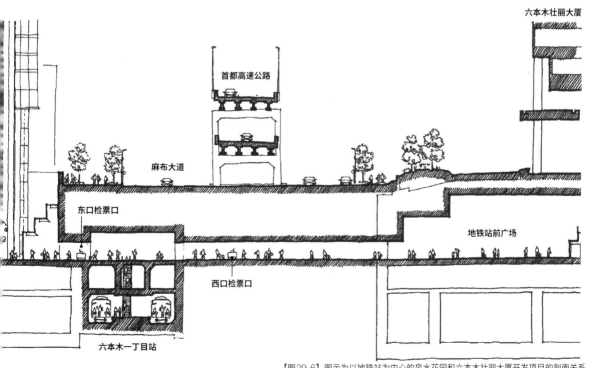

六本木壮丽大厦

首都高速公路

麻布大道

东口检票口

西口检票口

地铁站前广场

六本木一丁目站

【图29-6】图示为以地铁站为中心的泉水花园和六本木壮丽大厦开发项目的剖面关系

盘根错节——生长中的东京站地下网

东京站周边地下街 | 类型 D |

30

　　相比于地上，东京站的商业设施更为集中在地下。东京站八重洲方向的检票口与东京站一番街及八重洲地下街直接相连，形成了比地面更胜一筹的商业街。同时也作为车站的门户与周边塔楼相接，形成同京桥方向一体的连续通道。此外，东京站的地下也规划有连接丸之内和八重洲的北向自由通道，连接贯通了被东京站巨大的站台一分为二的东西街区。同时，丸之内一侧的塔楼也与地下相接，形成以东京站为中心的大型地下网络，提供了通向周边广域地区的移动空间。丸之内地区塔楼内的通道，连同东京站的地下商业街，宛如延绵四处的城市根系，不断向外拓展。

【图30-1】以东京站为中心，西侧为有乐町·丸之内·大手町地区，东侧为八重洲·日本桥地区。东西相连形成了这个大型地下网络。

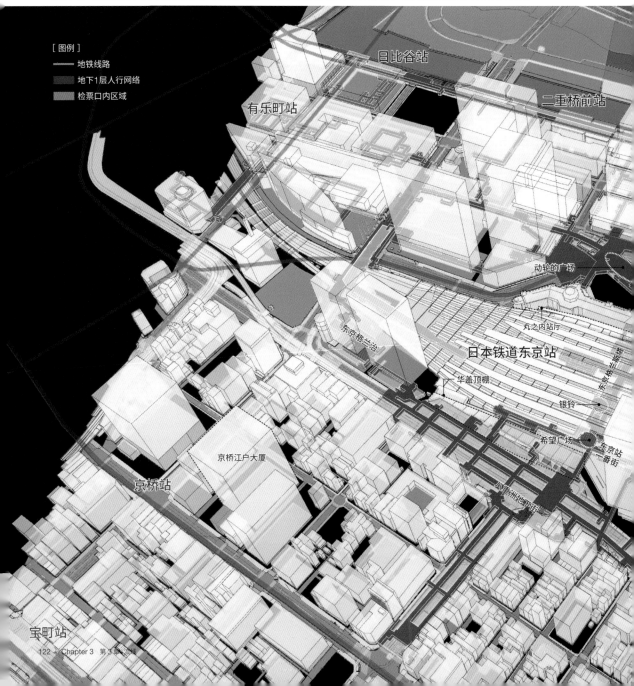

[图例]
—— 地铁线路
▨ 地下1层人行网络
▨ 检票口内区域

日比谷站

二重桥前站

有乐町站

动轮的广场

东京格兰治

丸之内站厅

日本铁道东京站

东京格兰斯塔

华盖顶棚

银铃

希望广场

东京站一番街

京桥江户大厦

京桥站

八重洲地下街

宝町站

【图30-2】东京站一番街

【图30-3】八重洲地下街

【图30-4】北地下自由通道

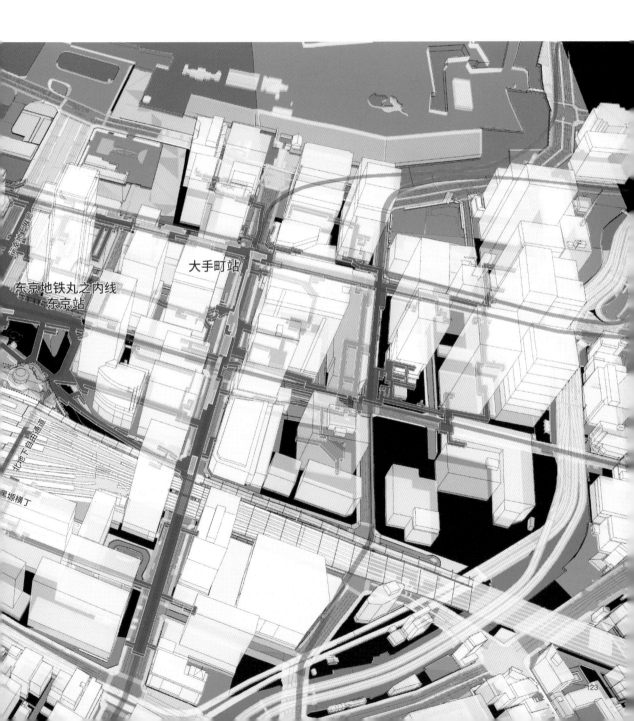

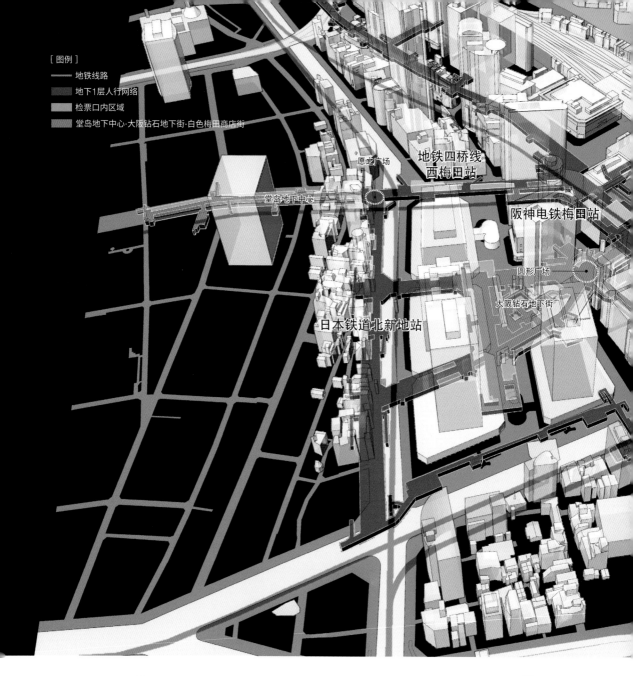

[图例]
—— 地铁线路
■ 地下1层人行网络
■ 检票口内区域
■ 堂岛地下中心·大阪钻石地下街·白色梅田商店街

愿之广场

地铁四桥线
西梅田站

堂岛地下中心

阪神电铁梅田站

圆形广场

大阪钻石地下街

日本铁道北新地站

风雨无敌——覆盖大阪站区的地下城

大阪站周边地下街 ┃类型 D┃

31

难波地下中心（现难波NANNAN）作为日本首个真正意义上的地下街，1957年诞生于大阪。它不仅解决了交通堵塞的问题，还变身为购物街区，使通常昏暗不堪的地下通道焕然一新。难波地下中心的建设也直接影响了1970年新建的彩虹之城（现难波WALK）。这样广受好评的地下街开发在大阪站南侧也开展得如火如荼。以1963年的梅田地下中心（现Whity梅田）的开发为开端，1966年伴随着新路线开通及街区开发，堂岛地下中心（现DOTICA）建

成；1995年大阪钻石地下街（现Diamor大阪）建成；随着这40年间的建设，大阪的地下网络如同蛛网般扩张，到现在已经形成了在世界范围内都规模罕见的地下空间。

梅田地下网络随着城市的发展而扩展，大阪民众由此得以在地下街自由通行。由于和各个车站互相连接，熟悉路线的人完全可以在地下无阻穿行，雨天亦不怕淋湿。而且，地下街具备了大部分生活必要功能，是一个十分便利的地下都市。

大阪站前综合体

日本铁道大阪站

地下铁御堂筋线
梅田站

阪急铁道梅田站

梅田阪急大厦

白色梅田商店街

地铁谷町线
东梅田站

泉之广场

【图31-1】地下街的建设按照梅田地下中心、堂岛地下中心、大阪钻石地下街的顺序进行，并通过地下通道的连接，不断壮大地下网络系统。

【图31-2】白色梅田商店街 泉之广场

【图31-3】堂岛地下中心 愿之广场

【图31-4】大阪钻石地下街 圆形广场

柏林中央车站
Berlin Hauptbahnhof

冷战时期，德国柏林因政治原因东西分裂，致使长途铁路车站也东西分隔。为使乘客的出行更加便利，确定了新的柏林中央车站的建设，并配合2006年德国足球世界杯开幕式正式投入运营。城际等区域长途列车与市内-城市近郊快铁的站台分别以南北方向在地下2层，及东西方向在地下3层交叉配置。并在其上覆盖无柱钢构玻璃穹顶，形成站厅。在地下到地上约25米的通高空间内的检票口一览无余，明快的换乘流线及热闹的商业设施清晰可见，形成了车站与城市融为一体的城市核。

出处：https://www.bahnhof.de/bahnhof-de

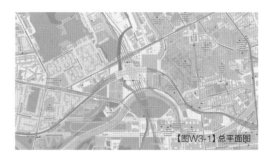

【图W3-1】总平面图

【图W3-2】车站外观

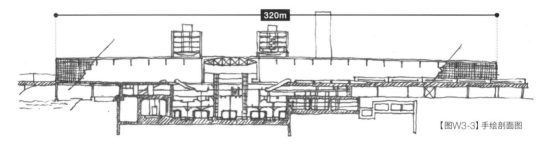

320m

【图W3-3】手绘剖面图

38m

26m

【图W3-4】入口站厅室内

【图W3-5】3层月台

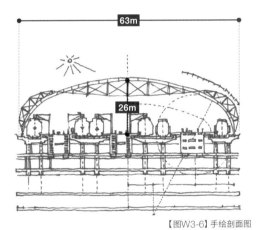

【图W3-6】手绘剖面图

【图W3-7】从2层商业大厅俯视

12.5m

32m

10m（柱距）

16m（柱距）

【图W3-8】地下月台

设计人行流线——TOD交通量计算

一天的客流量为数百万的车站，其站厅宽度是怎样确定的？

研究公众行为学的约翰·弗鲁因（John J. Fruin），在其著作《步行者的空间——理论与设计》（1974年 鹿岛出版会）一书中，提出了"步行者通行服务水准"的考虑方法。这一方法被沿用至今。

以每分钟步行者人数为1000人的站厅为例，如果此站厅将服务水准定为B级（略显拥挤的步行环境），则站厅需要将1米宽度内每分钟的通过人数控制在51人以下。经计算即可得知该站厅的通道宽度需为：1000人/分÷51人/分·米＝19.6米。

如果通道中有墙边、柱边这些无法通过的区域，则需要在计算所得的数值之上增加1米。

【图E3-1】

通道的服务水准
出处：《大规模开发地区关联交通规划手册修订版》
（2014年国土交通省）*

服务水准	流线系数（人/分·m）	步行状况	图示
A	～27	自由步行	
B	27～51	略有限制	
C	51～71	较为困难	
D	71～87	困难	
E	87～100	几乎不可能	

*出处：《步行者的空间——理论与设计》
（1974年，鹿岛出版社，John J. Fruin）

楼梯的服务水准
出处：《步行者的空间——理论与设计》
（1974年，鹿岛出版社，John J. Fruin）

服务水准	流线系数（人/分·m）	步行状况	图示
A	～15	可自由选择攀登速度或越过行走较慢的人	
B	15～20	所有行人都能自由选择攀登的速度。但此水准若接近下限，超过前面行人就比较困难，双向流线多少会引起混乱	
C	20～30	难以越过前面行走速度较慢的人且攀登速度被限制	
D	30～40	前后行人间没有充分间隔距离，也无法越过前人，大部分人的攀登速度受到限制	
E	40～55	楼梯的攀登动作处于可能的最低限度，几乎没有前后行人的间距，也完全不能超过前人，所有行人的速度都变慢	
F	55～80	流线时不时停滞，交通几乎处于瘫痪的状态	

【图E3-2】

吉祥寺车站大楼的解析事例

【图E3-3】在吉祥寺车站，以JR线公园口检票处为起点，进行行人的速度模拟。
（2层站厅）
出处：《针对K站改建规划方案进行的客流解析汇报书》PD System Corporation、清水建设

　　该图为在设计阶段，根据现有实测客流量，在假定的早高峰时期，对2层行人的步行速度进行的模拟。通过模拟可以发现，在流线交叉的2层站厅中央部分，行人步行速度大幅降低。因此可预测，在此范围内会发生通行不畅的问题。

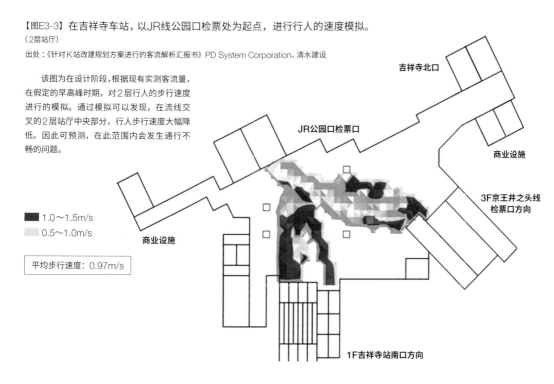

■ 1.0～1.5m/s
▨ 0.5～1.0m/s

平均步行速度：0.97m/s

吉祥寺北口

JR公园口检票口

商业设施

3F京王井之头线
检票口方向

商业设施

1F吉祥寺站南口方向

【图E3-4】在吉祥寺车站，2F站厅层通过行人的步行轨迹
出处：《针对K站改建规划方案进行的客流解析汇报书》PD System Corporation、清水建设

　　图示为在设计阶段，根据现有实测客流量，在假定的早高峰时期，对2层通过行人的步行轨迹进行的模拟。

　　经过模拟可以发现，由JR线公园口检票口前往3层京王井之头线检票口的通过行人路径（红色），与由3层京王井之头线检票口前往JR线公园口检票口的通过行人路径（蓝色）之间会发生流线交叉。尤其是由JR线公园口检票口前往3层京王井之头检票口的行人更多。为了避开这些来自JR线公园口检票口的行人，由3层京王井之头线检票口前往JR线公园口检票口的行人就需绕行。由此一来，可以预测在此交叉处的通行困难。这项模拟也应用到扶梯的运行计划设计中。

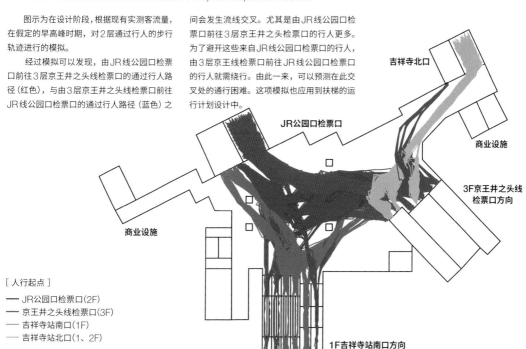

[人行起点]
— JR公园口检票口(2F)
— 京王井之头线检票口(3F)
— 吉祥寺站南口(1F)
— 吉祥寺站北口(1、2F)

吉祥寺北口

JR公园口检票口

商业设施

3F京王井之头线
检票口方向

商业设施

1F吉祥寺站南口方向

↓4

标志

32 — 39 Symbol

车站作为城市的形象代表，逐渐深植在人们的记忆之中。

现如今，TOD 将原本位于街区中心地位的车站包含在内，成为了常住居民和外来访客记忆中的新地标。为了打造这个地标，需要设计出令人印象深刻的外观和空间。

如东京站，其自身形象就是城市的重要象征。

又如高轮关口站（高轮Gateway站），列车于其下穿行的大屋面造型，成为印刻在人们心上的一道风景。

而梅田阪急大楼，通过传承过去古典造型而营造出的富有亲切感的新设计，也让人印象深刻。

亦或是涩谷未来之光，那充满跃动感的建筑设计，也同样令人难以忘怀。

在车站这样将会被持续使用50年，甚至100年的设施中，如何打造标志性的设计，我们会在这一章中详细说明。

标志矩阵
Symbol Matrix

城市标志

Facade
车站的立面

车站的立面既代表着城市的形象，
也是令人感到亲切及熟悉的标志。

【图Ch4-1】

车站单体

【图Ch4-3】

Space
车站的空间体验

车站里让人印象深刻的空间。
只有在这里才能得到的独特感受，是体验上的标志。

TOD引人注目且具有标志性的形象，以各种形式存在于城市当中。它或是地标性的建筑形象，或是那些能感受到列车动感的独特空间，又或是对于当地历史的继承延续。地标可以是一个车站，但也可以不仅限于此。也就是说，不局限于标志性的设计或明快的功能划分，TOD的任何构成要素都可以成为地标。随着场地、功能以及时间等的改变，TOD的形态和表现也在不断变化。这也是TOD能够保持其魅力的重要原因。

Mixed-use

城市功能的叠加

那些能够聚集人流的复合建筑，
是城市空间上的标志。

【图Ch4-2】

一体开发

【图Ch4-4】

History

浸润在城市和
人们心里的历史

对城市中原有的事与物的保留、
继承，是超越时间的标志。

近人体验

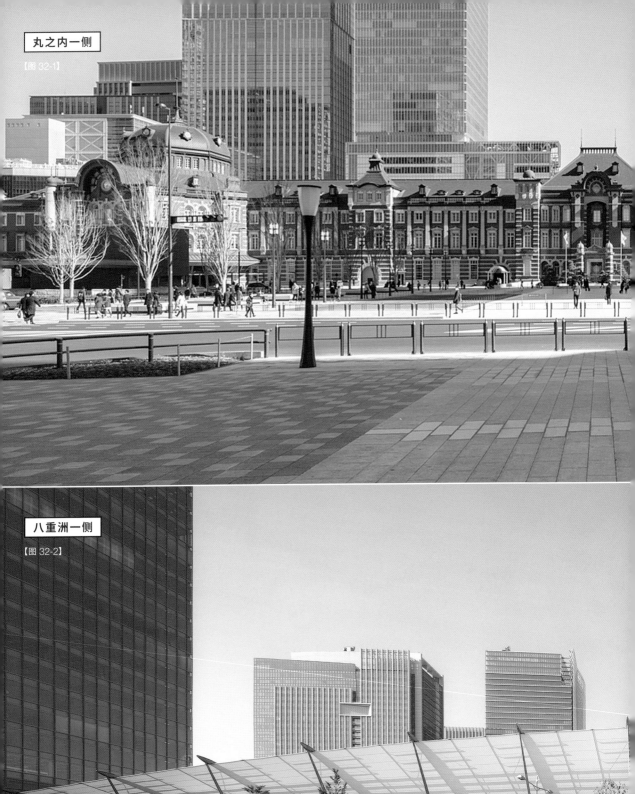

丸之内一侧

【图 32-1】

八重洲一侧

【图 32-2】

时光倾城——
历史未来交织的东京玄关 32

东京站与丸之内站厅·八重洲口开发 GranRoof

【东京站丸之内站厅】
项目统括·监理：东日本旅客铁道东京工事事务所·东京电气系统开发 工事事务所
设计·监理：东京站丸之内站厅保存修复设计联合体
（建筑设计：JR东日本建筑设计事务所／土木设计：JR东日本Consultants）

【东京站八重洲口开发】
设计·监理：东京站八重洲开发设计联合体（日建设计·JR东日本建筑设计事务所）

通过保存和复原，东京站丸之内站厅100年前的姿态重现在大家面前。站厅正对延伸至皇居的行幸大道，南北长276米，东西宽45米。整体建筑形象稳重庄严，是东京站悠久历史的体现。

相对于丸之内一侧的历史形象，另一侧的八重洲则是通过南北长约240米的华盖顶棚（GranRoof），塑造出东京站的新地标形象。在设计手法上，并不是通过建筑，而是通过大屋顶和广场空间，与丸之内站厅的传统形象构成对比，形成能够代表首都门户的景观象征。

东京站的新地标

相对于东京站丸之内口的历史韵味与庄重特质，汇集了多种交通形式的八重洲口作为东京站新门户，以富有跃动感的大屋顶华盖顶棚（GranRoof）形态来表现其大气的形象。

支撑华盖顶棚的钢结构柱由没有棱角的圆角部件构成，以衬托出膜结构大屋顶的轻盈柔和。同时华盖顶棚与南北华盖东京（GranTokyo）双塔的棱角分明的造型产生对比，形成整体刚中带柔、静中有动的独特风景。

在屋面上如此大规模地采用膜结构是比较罕见的。此项目中的膜结构布置在钢结构龙骨框架的下面。在东西方向的外边缘没有采用横梁构件，而是通过外缘拉索在膜表面产生张力。外缘拉索在18米跨度中通过两处支撑梁与反向的拉索构成张力平衡，使广场一侧和建筑一侧的边缘几乎平直，更加凸显膜结构屋面的飘浮感。

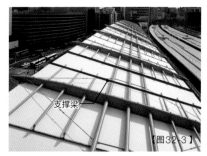

支撑梁

【图32-3】

【图32-4】

【图32-5】建筑总平面图

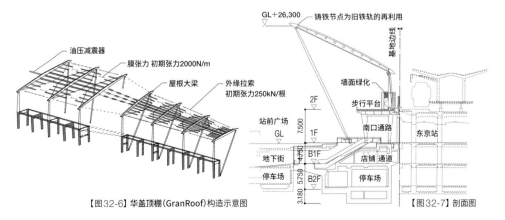

【图32-6】华盖顶棚（GranRoof）构造示意图

【图32-7】剖面图

【图32-8】

【图32-9】

【图33-2】室内图　　　　　　　　　　　　　　　【图33-3】建筑总平面图

高轮关口站距位于港区港南的田町站(占地约13万平方米的JR品川车辆段旧址)约1.3千米，距品川站约0.9千米。
在建设新站的同时，其周边的城市规划也在阶段性进行，其中包括连接中心街区与高轮关口站的高架平台。

和风高轮——面向城市的折纸屋檐

33

高轮Gateway站（品川新站）

【高轮Gateway站】设计者：东日本旅客铁道株式会社·品川新站设计共同体（JR东日本Consultants JR东日本建筑设计事务所）
建筑设计：隈研吾建筑都市设计事务所

　　高轮关口站（高轮Gateway站），创造了将车站与城市融为一体的象征性空间。在车站东西面配置巨大玻璃立面的同时，在车站大厅内设计了将近1000平方米的挑空空间，从而使车站与城市之间能够视线互通，将两个空间融为一体。

　　另外，为满足车站与城市联合举办活动的需要，在车站的检票口内还设计了约300平方米的公共活动空间。

　　车站的大型屋顶是以"折纸"为意象的框架造型，并以简洁明了的方式呈现。与此同时，以膜结构为主的屋顶，赋予了车站空间内更加柔和舒适的光环境。另外，在多处装饰上采用了木材，使人们感受到自然元素的同时，又展示了日本特有的设计风格。通过上述设计手法，使高轮关口站这一JR山手线上最新也是最后的车站，成为了东京这个充满活力的城市的新标志。

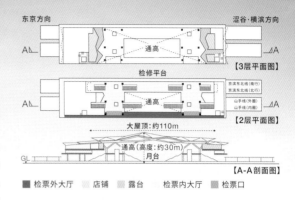

【图33-4】平面和剖面示意图
在3层面向挑空空间的位置，设计了折边形状的露台和店铺。
在确保下层空间采光的同时，也能够营造热闹的氛围。

34

垂直城市——功能聚集的积木建筑

涩谷站 涩谷未来之光（Hikarie）

【涩谷未来之光（Hikarie）】设计者：日建设计·东急设计咨询联合体

　　涩谷未来之光（Hikarie）的设计特色是，将具有多样性的涩谷街区纵向叠加，形成建筑。街道的意象转化成电梯以及自动扶梯，内部功能通过体量层叠的形式在立面上进行表达。同时，把传统街区中的"交叉路"和"广场"空间，转化为穿插在各功能体块之间的共享大堂空间以及屋顶花园。通过新的形式诠释原有城市肌理，为各类人群提供全新的交流互动空间，创造出协同效应并将其向外界传递。

　　特别是位于11层的空中大堂，通过穿梭电梯与车站直接连接，使之成为办公、剧场和活动大厅等不同客流人群的交汇点。大堂处富于通透感的建筑立面以及犹如浮在半空中的球形剧场，也成为了象征垂直城市的代表性空间。

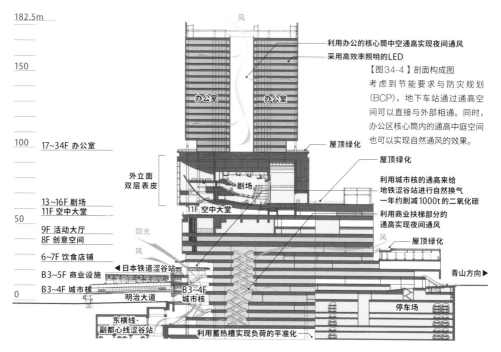

182.5m

150

100 — 17~34F 办公室

13~16F 剧场
11F 空中大堂

9F 活动大厅
8F 创意空间

6~7F 饮食店铺

B3~5F 商业设施
B3~4F 城市核

0

外立面
双层表皮

剧场

11F 空中大堂

阳光

风

◄日本铁道涩谷站

明治大道

B3~4F
城市核

东横线·
副都心线涩谷站

利用蓄热槽实现负荷的平准化

利用办公的核心筒中空通高实现夜间通风
采用高效率照明的LED
【图34-4】剖面构成图
考虑到节能要求与防灾规划（BCP），地下车站通过通高空间可以直接与外部相通。同时，办公区核心筒内的通高中庭空间也可以实现自然通风的效果。

屋顶绿化

屋顶绿化

利用城市核的通高来给地铁涩谷站进行自然换气一年约削减1000t的二氧化碳
利用商业扶梯部分的通高实现夜间通风

屋顶绿化

青山方向►

风

停车场

【图34-5】17~34层 办公区

【图34-6】13~16层 剧场

【图34-7】6~7层 餐饮区

新城市的象征

"涩谷未来之光"由低层商业设施、9至16层的会展大厅、剧场和高层办公区构成。该项目的商业设施一直延伸至地下3层，在直接连通东急东横线和东京地铁副都心线检票层的同时，结合了涩谷原有的低谷地形，在1层至2层与城市相连，并计划将来在4层高度和宫益坂上相衔接。

从地下3层的东京地铁副都心线检票层可以通过电梯直接到达11层的空中大堂，再从空中大堂直接到达剧场和办公区。在这里也贯彻了把目的性强的设施配置在流线末端的设计原则。

在一个高度超过180米的高层建筑中插入剧场这一无柱大空间，无法避免地需要解决结构上的难题。在本项目中，采用了一种叫"巨型框架结构"的特殊结构体系，能同时保证建筑的耐震性和2000个座席的专业音乐厅所需的大空间。在楼层中间插入剧场这一手法，在提升设施内回游性的同时，也塑造了建筑体量纵向叠加的外观特征，使建筑成为城市的全新标志。

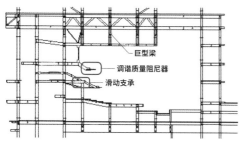

巨型梁
调谐质量阻尼器
滑动支承

【图34-8】剧场楼层剖面图

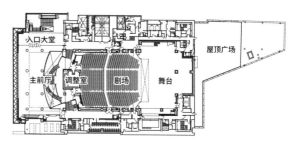

入口大堂
屋顶广场
主前厅
调整室
剧场
舞台

【图34-9】剧场层平面图

35

天外来客——山城中的宇宙飞船

重庆 沙坪坝站 龙湖光年

【龙湖光年】设计者：日建设计

【图35-1】

该项目是将连接重庆和成都的沙坪坝高铁车站、3条地铁、公交车及出租车等公共交通，以及商业、办公、酒店、高级公寓等复合功能，以交通枢纽为核心进行整体开发的大型综合体项目（总建筑面积约48万平方米）。基地周边散布着医院、学校、商业设施、高层公寓等各种用途的建筑。在这种无秩序的周边环境中，创造一个汇聚城市流线与视线的地标就显得尤为重要。从地下7层的地铁车站向地上的移动过程中，映入眼帘的是一个长约80米、宽约37米，形状如太空船一般的椭圆体量。这个椭圆体量既是下方公共广场的大屋顶，也是向北侧的站前广场和周边展示信息的媒介。

作为将来日流量40万人的地铁、高铁等公共交通网络的门户，以及具有30万流动人口的三峡商业广场主街的起点，更是作为24万平方米商业设施的流线空间，车站核肩负着发挥其综合作用的使命。

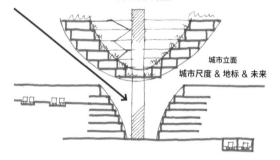

【图35-2】剖面概念示意图。具有魅力的换乘空间同时也可以成为城市的标志。虽然是深在地下的空间，但是通过设计可以使其成为能够自然采光、自然通风、聚集人气的舒适空间。

【图35-3】项目整体外观效果图。车站与低层商业、中央双塔各具特色，同时又不失整体性，致力于打造整个沙坪坝地区的亮点和新城市标志。

峡谷月台——广州东的羊城新景

广州 新塘站 凯达尔交通枢纽国际广场

【凯达尔交通枢纽国际广场】设计者：日建设计

　　广州与其周边地域独特的自然景观通过"羊城八景"的赞誉而广为人知。尤其以奇岩绝壁和山峰峡谷所勾勒出的美丽山脊线作为广州风景的象征而为人熟知。

　　凯达尔交通枢纽国际广场（ICT）以实现车站和自然相融合，打造具有人性化尺度的公共空间为目标。在新站的两侧，如山脊线一般的曲线退台堆叠成巨大的人工山谷，

植物和水景等自然要素分布于各个楼层之间，刻画出一个飘浮于城市中心，如空中绿洲一般的休憩场所。并且结合广州温暖的气候，在各室外露台布置商业和休息设施，形成一个个纷呈有致、让人乐而忘返的空间。在不同的楼层上，设置绿茵曲径和展望天台、活动大厅等不同主题的公共空间，力争将项目打造为具有丰富自然要素的"羊城第九景"。

36

【图36-1】

【图36-2】建于高铁、城际铁路及地铁等公共交通据点上，由商业、办公及酒店构成的260米的双塔。

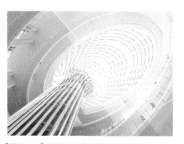

【图36-3】从地下2层到地上7层设有高约55米挑空空间的车站核。

【图36-4】广州"羊城八景"之一的美丽自然景观。

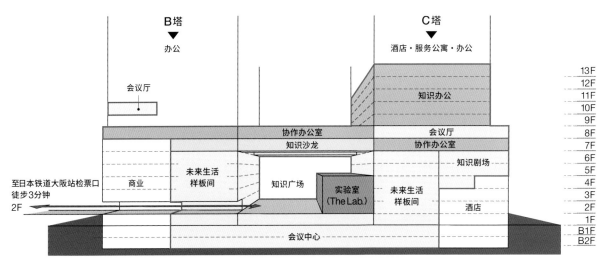

【图37-2】知识之都的构成

【图37-1】知识广场

37

智慧之都——
活力满溢的大阪客厅

大阪站 Grand Front大阪

【Grand Front大阪】
整体负责：日建设计·三菱地所设计·NTT FACILITIES

为了迅速应对时代的各种变化，大阪站前综合体(Grand Front大阪)不仅仅着力于构建商业设施，还进行着营造跨界人才互动交流据点——知识之都(Knowledge Capital)这一新尝试。

知识之都作为设施的核心，位于从大阪站徒步三分钟即到的位置。在明亮宽敞的中庭空间，聚集着购物顾客、写字楼职员、酒店房客和观光游客等不同目的的人群。通过精心策划的活动创造出"产业创新×文化发扬×国际交流×人才培育"的相乘效果，更进一步吸引人流，成为大阪站前综合体的标志。

任何人都可以在这里接触到最前沿的技术，时刻了解社会动向。因此，这里也吸引了国内外的关注，知名度不断攀升。

【图37-3】

知识之都用途

"知识之都"既是设施的名字，也是运营组织的名字，更是活动本身的体现。它给人们提供了场所和相应的使用功能，随着人与人、人与物、人与信息的互动沟通，使体验和技术相融合，不断创造出新的价值。

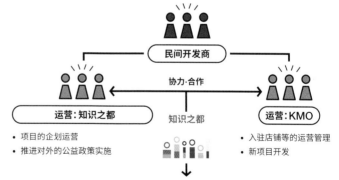

民间开发商

协力·合作

运营：知识之都

知识之都

运营：KMO

• 项目的企划运营
• 推进对外的公益政策实施

• 入驻店铺等的运营管理
• 新项目开发

通过各种活动来支持创新活动

① 知识沙龙
创造相遇和交流的机会

② 实验室(The Lab)
体验日本的前沿技术

③ 解说员
促进交流

④ 携手海外
推进与海外的积极合作

40m

24m

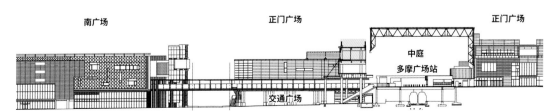

南广场　　　　　　　　　　　　正门广场　　　　　　　　　　　　　正门广场

中庭

多摩广场站

交通广场

【图38-2】南北剖面图。为了减轻对周边住宅的压迫感，将项目高度控制在30米以下。

38

双重站城——
购物城里的多摩广场

多摩广场站　多摩广场Terrace

【多摩广场Terrace】设计者：东急设计咨询

多摩广场站，并不局限于车站的功能，而是将车站功能结合进商业设施中。在购物中心内可以通过中庭看到乘客上下车，或是地铁车辆进出站的情景。将车站、地铁车辆与乘客设定为商业空间表现的元素。这样与商业设施结合的乘车体验，也使该项目成为所在区域的特色空间。

横跨车站架设的约4000平方米的大屋顶，减轻了传统车站的封闭与压迫感，创造出了与商业设施融为一体的效果。车站大厅内圆形的标识强调了空间的中心性，同时也表现了商业设施所具备的回游性。

【图38-1】中庭

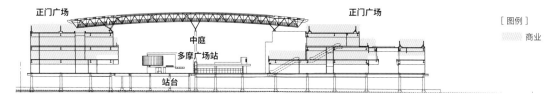

[图例]

▨ 商业

【图38-3】东西剖面图。　覆盖到东西两侧站前广场的桁架屋顶，创造出车站大厅与商业设施的一体感。

花样年华——"梅田奢华"的吸引力

阪急梅田站 梅田阪急大厦

【梅田阪急大厦】设计者：日建设计

    面向阪急梅田站车站设置的阪急百货店于1929年开业。当时搭乘地铁出行，对于平民百姓是件"奢侈"的事情。而阪急电铁成功地将这"奢侈"活动与招揽乘客紧密地联结在一起。

    阪急百货店自开业以来，1楼店铺便面向阪急梅田站车站的大厅设置。百货店的外观装饰不但体现了高雅的品质，还采用了与车站入口相称的铁路特有的拱门造型。之后随着阪急梅田站的开发，阪急百货店虽经过数次改建，独特的外观却始终被传承下来。凭借其古典优雅的建筑气质，至今仍能成为阪急梅田站商圈的标志。

【图39-1】1932年 阪急大厦1层中央大厅

【图39-2】1929年 外观

【图39-3】1936年 外观

    车站开业初期，由当时著名的建筑家伊东忠太为站厅设计了大气华丽的穹顶。在当时，提起阪急电铁的车站大厅，便会让人联想到这个令人憧憬的空间。在过去80年间深受人们喜爱的穹顶空间，在2012年秋天阪急百货店重新装修、盛大开幕之际，又以顶层穹顶餐厅这一新的姿态重新呈现在人们面前。

    在搭乘地铁已经日常化的今天，在阪急百货店顶层餐厅享用美食的同时，仰望代表文化传承及再现旧车站历史氛围的穹顶，也被诠释为现代城市生活中的一种新的"奢侈"体验。此外，翻修后的车站大厅又将阪急电铁高雅奢华的传统形象与现代设计元素融合，对现代的"奢华"进行了新的诠释。

    这种以人们对"奢侈"体验的憧憬作为吸引客流的战略，被应用到从车站大厅到商业流线的设计中，今后也会在以阪急电铁为中心的阪急梅田站周边的TOD开发中不断延续。

【图39-4】2012年 梅田阪急大厦1楼中央大厅

【图39-5】2012年 外观

阪急

【图39-6】2012年 外观

2012
至 历史气息满溢的奢华餐厅

0m 50m

A-A' 剖面

阪急百货

2012
餐厅

自1932至2005
阪急百货店1楼 站厅

随着阪急百货店的重建，
站厅的设计也进行了移建

【图39-7】旧阪急梅田站中央大厅的位置移动说明图

自1932至2005
由 关西首屈一指的奢华站厅

【图39-8】旧阪急梅田中央大厅（右）和保存了当时内装的餐厅（左）

伦敦桥站
London Bridge Station

位于伦敦东南部，沿泰晤士河岸而建的伦敦桥站于1836年运营，是世界上最古老的车站之一。

在对这个超过180年历史的车站进行改建的同时，还计划增加新的线路与站台，并将每年接待旅客数量由4200万人次提升至7500万人次。自2000年初期，伦敦桥街区开始进行城市再开发，而伦敦桥站被定位为区域的枢纽车站。为增强车站与城市的联结并提高土地利用率，2012年在伦敦桥车站旁，与其直接相连的位置，建设了地上87层，高310米的超高层复合型商业写字楼——"碎片大厦(The Shard)"。通过不断进化升级，历史悠久的伦敦桥站又以"最前沿TOD项目"这一崭新的形象，成为众人皆知的伦敦地标。

出处：https://www.the-shard.com/
https://www.railway-technology.com/projects/london-bridge-station-redevelopment/

【图W4-1】建筑总平面图

【图W4-2】车站入口外观

【图W4-3】剖面示意图

【图W4-4】车站和碎片大厦的外观

安特卫普中央车站
Antwerpen Central Station

比利时的安特卫普中央车站被称为"如大教堂一般的车站"，也是"世界最美车站"评选中的常客。该车站于1895年开始运营，并于1905年对原有的木结构站厅进行了更新改建。新站厅采用了新巴洛克风格的石材立面，并在铁道的站台上方覆盖高44米、长185米的钢结构玻璃拱顶。随着时代变化，为适应功能与规模扩充的需求，该车站又再次于1998年至2007年间进行了改建。这次更新在原先高架终端式站台的下方增设四线过站式站台，另外又增设了120处商业店铺。虽然为了提高乘客使用便利度，车站的内部进行了大幅改造，但外立面依然保持着传统古典形象，也依旧是城市的象征。而这种新旧共存的和谐，亦使该车站成为城市发展进步的标志。

出处：https://www.b-europe.com/NL/Stations/Antwerpen-Centraal、《铁道ジャーナル》2007年9月号，136页，Overseas Railway Topics

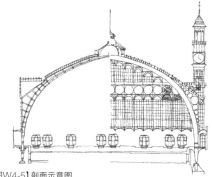
【图W4-5】剖面示意图

【图W4-6】建筑总平面图

【图W4-7】车站正面外观

【图W4-8】车站南侧内观

【图W4-9】车站北面内观

铁道车站的结构与车站大楼的结构
——TOD的结构设计①

在日本，车站大楼的结构是在建筑基准法的规定范围内的，因此在建筑审批时需要接受结构安全性的审查。那铁道车站的结构又是怎样的流程呢？

依据铁道事业法的规定，铁道的高架结构等土木工程构筑物的结构以及疏散规划，需由取得专业执照的铁道事业公司进行安全确认，并由国土交通省来发放建设许可手续。因此上述的设计并不在建筑基准法的规定范围内。

高架车站 【图E4-1】
在被认定为土木构筑物的高架构造下，若设置内装材料及设备，则内装材料及设备认定为建筑物，需进行建筑审批。(黄色范围)

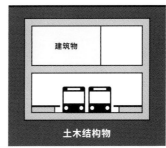

地下车站 【图E4-2】
在被认定为土木构筑物的地下构造内，若设置内装材料及设备，则内装材料及设备被认定为建筑物，需进行建筑审批。(黄色范围)

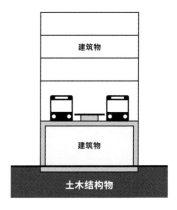

复合构筑物 【图E4-3】
在被认定为土木构筑物的高架结构下，若设置内装材料及设备；或以高架结构为平台，在上方设置主体结构外装及内装材料及设备，则这些外装、内装材料及设备需被认定为建筑物，进行建筑审批。(黄色范围)

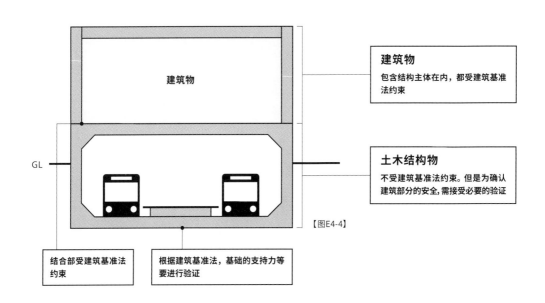

建筑物
包含结构主体在内，都受建筑基准法约束

土木结构物
不受建筑基准法约束。但是为确认建筑部分的安全，需接受必要的验证

【图E4-4】

结合部受建筑基准法约束

根据建筑基准法，基础的支持力等要进行验证

在车站上方搭设的结构
——TOD的结构设计②

　　若是在建筑基准法规定范围外的铁道构筑物上搭设建筑物，这种情况根据建筑基准法又需要什么样的审批手续呢？

　　类似上述这样的建筑、土木复合构筑物，需要先将车站与建筑结构进行整体架构建模。然后分别在铁道工程建设许可的手续上按土木构造进行审查，并在建筑审批时需要依据建筑基准法的规定再次进行结构审查，也就是说需要进行双重审核。

【图E4-5】
关于京王线调布站的结构设计

　　在京王线调布站设计中，通过事先预想地上的荷载，先完成了地下车站结构的施工。而之后地上部分的规划也是在当初预留的地上荷载条件范围内进行。

　　在设计地上部分时，将地上部分的荷载加入地下结构模型中，经反复研究论证，确认了其荷载在容许范围内。并且在建筑审批时也提供了地下部分的结构计算书，用于确认其安全性。

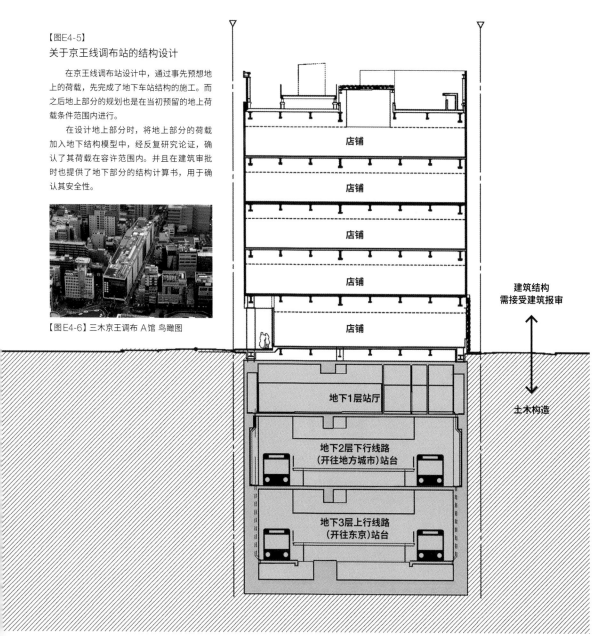

【图E4-6】三木京王调布 A馆 鸟瞰图

店铺

店铺

店铺

店铺

店铺

建筑结构
需接受建筑报审

土木构造

地下1层站厅

地下2层下行线路
（开往地方城市）站台

地下3层上行线路
（开往东京）站台

TOD施工安全第一
——TOD的施工规划

TOD并不局限于新建铁道的情况，反而绝大多数案例都是在利用现有的铁道基础上进行建设。对铁道工程而言，终日运转的铁道运输首先以确保安全为第一要务，因此施工基本上只能在末班与早班发车之间的2～3小时进行。由于工程需要在保证原有线路运营的情况下，在其下方进行增建，因此还常常需要架设临时线路及相应临时设施。所以就工期和成本而言，TOD会是普通建筑物的数倍。

【图E5-1】

2010.8

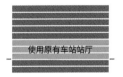

使用原有车站站厅

2012.12

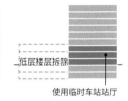

低层楼层拆除

使用临时车站站厅

2011.4

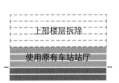

上部楼层拆除

使用原有车站站厅

2013.9

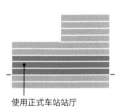

使用正式车站站厅

2011.10

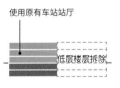

使用原有车站站厅

低层楼层拆除

2014.3

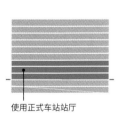

使用正式车站站厅

2012.9

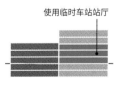

使用临时车站站厅

- 原有大楼
- 拆除工程中
- 原有车站站厅 使用中
- 临时车站站厅 使用中
- 新建工程中

【图E5-2】奇那丽那京王吉祥寺(Kirarina京王吉祥寺)项目的施工规划概略图

此工程是在维持京王井之头线和JR中央线的检票和换乘正常运作的情况下，将吉祥寺车站改建为奇那丽那京王吉祥寺。这次改建主要包含两大阶段，首先拆除东工区的现有建筑并新建临时车站，然后进行西工区的改建。这个工程，在每个阶段都确保了临时换乘流线的运行，同时克服了由于靠近京王井之头线及JR线施工所带来的工程困难，并将确保每日14万乘客的安全作为首要任务，经过4年坚持不懈地努力，终于在无事故无灾害的情况下顺利竣工。

铁道震动的难题
——TOD的震动与噪声对策

当TOD中规划有酒店、住宅与办公等功能时,就需要考虑铁道震动及噪声的问题。

通常最基本的措施是将铁道主体与车站大楼主体在结构上脱离,但即使这样依然会有震动通过地面传导而来。由于轨道的震动或震动诱发的内装型材晃动会引发固体震动噪声,因此事先通过模拟来确认固体震动噪声,并提前考虑对策,是非常重要的。虽然通过采用免震结构,有可能解决震动和噪声的问题,但根据免震橡胶性能的不同,有时反而会导致震动被放大。

铁道震动是相当棘手的问题。

【图E5-3】酒店近铁京都站案例

酒店近铁京都站建于新建成的4号线的高架上方。为了减轻下部铁道传来的震动,酒店部分使用了独立的结构柱,与4号线高架主体在结构上完全脱离。另外,为了防止经由地面传来的铁道震动,同时也减轻地震的影响,酒店部分在几乎与JR东海道新干线同高的位置,设置了中间隔震层,使自身的结构独立。

→5

个性

40 — 46 **Character**

　　大多数人对车站的印象是杂乱无序的，但其中也不乏令人印象深刻的各种"个性"空间。

　　例如，在涩谷车站的八公犬雕像前，或者东京车站的银铃周边，总是聚集着等待约会见面的人们。这些个性空间随着人们的相逢与离别也一起铭刻在了大家心中。TOD中的这些个性元素，配合灯光影像、街头艺术小品和具有特色的标识等，为原本单调无味的车站空间平添色彩。通过空间表现，列车本身也可成为车站里的亮点。因此，近距离观察列车行驶，也成为了TOD独有的魅力之一。

　　那些能使TOD车站空间灵动而丰富的设计手法，将在本章内逐一介绍。

明日神话——
俯瞰城市的涩谷守卫 ## 40

涩谷站 涩谷马克城

【涩谷马克城】
设计者：日本设计・东急设计咨询设计联合体

　　"明日神话"是冈本太郎先生于1968年至1969年期间，在墨西哥制作的巨幅画作。此画原有的主人是一名酒店管理者。但随着酒店经营状况的恶化，这幅画也随之行迹不明。2003年，画作又在墨西哥城郊外的建材仓库内被偶然发现。在随后的拍卖会中，涩谷竞标委员会是3个竞标候选之一。评审团被其热情所打动；加之考虑到此画更加适合展示在车站这种人流密集的公共场所，最终决定将此画设置在东京涩谷车站内。被此幅画装点的巨大墙面成功地连接了京王井之头线—JR线—东京地铁银座线的天桥（神宫大道上空的连接通道）和涩谷马克城。同时由于这里是观看著名的涩谷站前十字路口的最佳位置之一，所以这座装饰有"明日神话"的天桥也与八公前广场并列，成为涩谷的标志性空间之一。

【图40-1】

【图40-2】
涩谷马克城跨道桥剖面图

涩谷马克城中设置的天桥横跨神宫大道，与东急百货东横店的西馆相连，是东急东横店西馆一侧的JR线、东京地铁银座线和涩谷马克城一侧的京王井之头线中间的重要换乘空间。设计师将壁画设置在天桥的南侧墙面上，将自然光从北侧天窗引入，从而在画面上形成柔和的光照效果。另外，壁画背后的涩谷马克城内部，也隐藏有通往东京地铁银座线车辆基地的轨道线路。

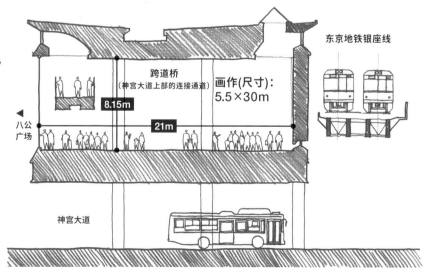

东京地铁银座线

跨道桥
（神宫大道上部的连接通道）

画作(尺寸)：
5.5×30m

8.15m

21m

◀ 八公广场

神宫大道

【图41-1】

【图41-2】

信息之环——串联站城的数字母题

41

涩谷站 涩谷未来之光

【涩谷未来之光】设计者：日建设计·东急设计咨询联合体

　　数字标识作为传递各种信息的重要装置，与TOD也密不可分。在涩谷未来之光项目中，将数字告示板与空间一体化设计，使其成为令人印象深刻的个性标志。

　　设置于涩谷未来之光（Hikarie）城市核内的各个数字标识，在平面上以圆环的形式母题，在纵向的通高内又跟随空间相互错动。同时各个标识又分别显示着时间、方位和四季变化等影像，形成了连接车站与城市的彩环。

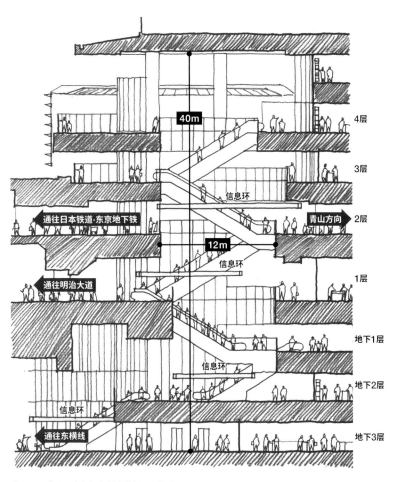

【图41-3】涩谷未来之光 城市核剖面示意图

"〇△囗"——银座地下的隐藏密码

42

银座站

【银座站】设计者：日建设计・交建设计・日建设计城市工程

　　银座站是集合了东京地铁银座线、丸之内线和日比谷线3条地铁线的综合车站。本次改造规划中，建筑师将检票口旁的立柱，分别打上代表各条路线颜色的灯光。通过这些与线路呼应的照明，乘客可以方便地找到要乘坐的线路。与此呼应，在可视化土建柱体的外围，显示出代表各路线的标志颜色。另外，站台与主要检票口间的换乘层的平面被设计成了"〇△囗"的几何形状，天花造型也与此呼应。这一设计主要意图是利用光的引导作用，解决在地下车站内常有的迷路问题。光的设计结合建筑规划设计，帮助乘客迅速地找到方向，顺利抵达目的地。

【图42-1】
银座线站台楼层的光柱颜色为"银座黄"。

【图42-2】
日比谷线站台楼层的光柱颜色为"日比谷银"。

【图42-3】
丸之内线站台楼层的光柱颜色为"丸之内粉"。

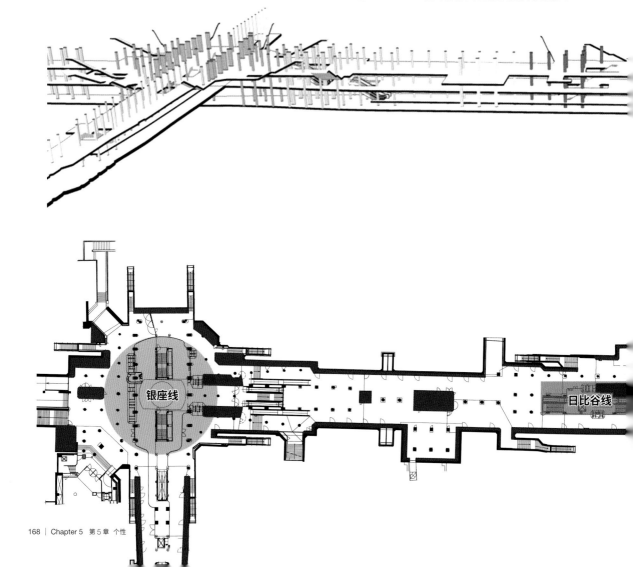

銀座四丁目交差点改札
Ginza 4-chome Intersection Gate

【图42-4】银座四丁目十字路口正下方的银座线检票口

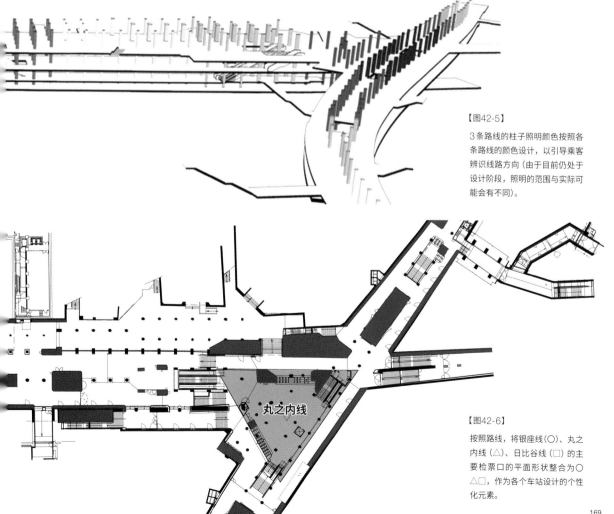

【图42-5】

3条路线的柱子照明颜色按照各条路线的颜色设计，以引导乘客辨识线路方向（由于目前仍处于设计阶段，照明的范围与实际可能会有不同）。

丸之内线

【图42-6】

按照路线，将银座线（○）、丸之内线（△）、日比谷线（□）的主要检票口的平面形状整合为○△□，作为各个车站设计的个性化元素。

43

时间之光——
吉祥寺站的一日三秋

吉祥寺站 Kirarina京王吉祥寺

【Kirarina京王吉祥寺】设计者：日建设计

犹如灯塔一般，伫立在吉祥寺街道中心的奇那丽那京王吉祥寺(Kirarina京王吉祥寺)车站大楼，利用外装玻璃百叶的不规则排列，使游客联想到吉祥寺的观光胜地——口琴胡同。建筑的外观，在白天呈现乳白色，衬托出明亮的天空。在夜晚则通过灯光，展现出不同的建筑表情。同时为了迎合季节变化，灯光的颜色在冬天采用暖色，在夏天则采用冷色。另外，在日落到深夜这段时间段内，如同建筑在呼吸一样地变化照明亮度，让人在不知不觉中感受时光的流逝。因为从街道的各个方向都能一眼看到奇那丽那京王吉祥寺车站大楼，这里也就成了街道的灯塔。

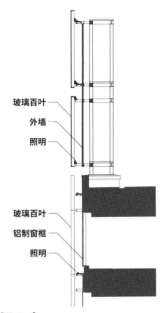

玻璃百叶
外墙
照明

玻璃百叶
铝制窗框
照明

【图43-1】
剖面图。在外立面的玻璃百叶下方设置照明，并将百叶后方的墙面作为反射板，从而实现夜间的泛光照明。

【图43-2】在寒冷的冬季，采用柔和的暖色系作为照明色调。

【图43-3】在炎热的夏季，采用清爽的冷色系作为照明色调。

【图43-4】在早、中、晚时间段变化照明的色温，让人感受时间的变化。

【图43-5】在季节变换之际，采用让人联想到二十四节气的彩色照明。

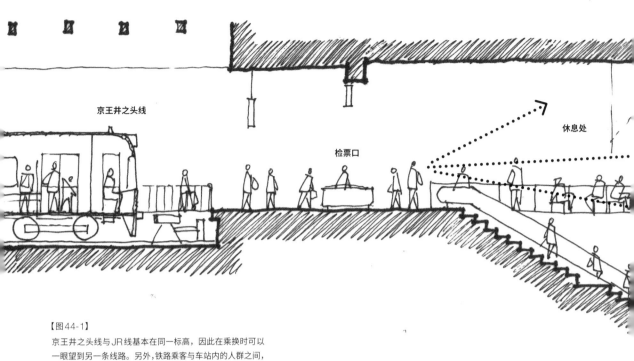

【图44-1】
京王井之头线与JR线基本在同一标高，因此在乘换时可以一眼望到另一条线路。另外，铁路乘客与车站内的人群之间，也如剖面图所示，在视线上形成了"看与被看"的关系。

图中标注：京王井之头线、检票口、休息处

一见钟情——JR与京王线的奇迹邂逅

44

吉祥寺站 Kirarina京王吉祥寺

【Kirarina京王吉祥寺】设计者：日建设计

京王井之头线、JR中央·总武线的站台位于奇那丽那京王吉祥寺(Kirarina京王吉祥寺)车站大楼3层的高度。在奇那丽那京王吉祥寺车站开发之前，两个站台被墙隔开。直到后来才形成了现在这样视线连通的空间规划。

从井之头线一侧的检票口出来，首先映入眼帘的就是在对面行驶的JR中央·总武线列车。与此同时，从JR中央·总武线的站台上，也可以看到井之头线的车辆。这一设计，营造了一种仅凭直觉就能判断的换乘移动空间。此外，通高空间也面向商业设施布置，使得商业顾客和乘客间也形成视线互动，进一步渲染了商业设施和车站内的热闹氛围。

【图44-2】吉祥寺站是京王井之头线的终点站，车辆在这里折返。

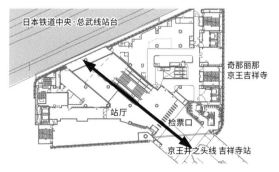

【图44-3】京王井之头线吉祥寺站与JR吉祥寺站在3层相连。

图中标注：日本铁道中央·总武线站台、奇那丽那京王吉祥寺、站厅、检票口、京王井之头线 吉祥寺站

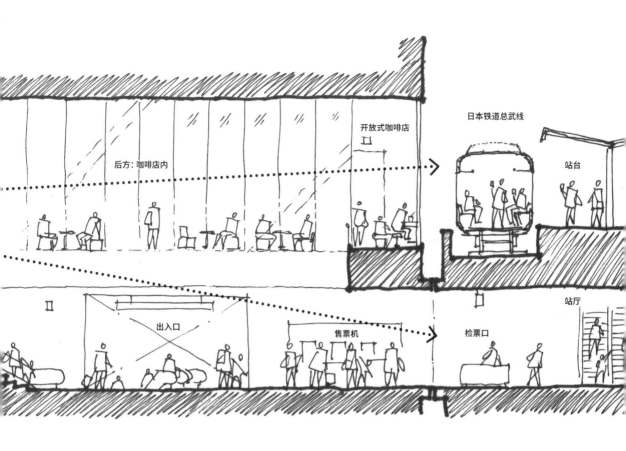

后方：咖啡店内

开放式咖啡店

日本铁道总武线

站台

出入口

售票机

检票口

站厅

【图44-4】站厅内部，可看到正前方JR总武线的列车。

45

谁是主角——列车永远是车站剧主演

新宿线 Busta新宿 JR新宿Miraina Tower

【JR新宿Miraina Tower】
设计者：东日本旅客铁道 JR东日本建筑设计事务所

新宿站是日本首屈一指的枢纽车站，各线列车依次驶入并排设有16条线路的站台。从新南检票口的西瓜卡企鹅广场（Suica企鹅广场），可以俯瞰车辆进出新宿站的景象，列车的动感与速度感跃然眼前。这样的场景在世界上恐怕也是独一无二的。不仅是孩子，许多成人也聚集在此，使这里也成为了拍照留念的新景点。另外，长度近120米的高架平台提供了开阔的空间，为各种活动提供了舞台：这里既有可独自观看列车的长椅，也有可以集会的场所。丰富多彩的空间，使人流连忘返。

【图45-1】照片拍摄：BLUE STYLE COM 中谷幸司

46

铁道之路——
嵌入城市的铁路记忆

调布站 Trie-京王调布

【Trie-京王调布】设计者：日建设计

一体化开发的 Trie-京王调布包含三栋建筑。在西侧 C 馆的北面，设有公共开放空间。这里是通往用地西侧的人行网络的起点，同时也是周边街区的开放式休闲空间。在设计过程中，针对街区的利用方式，建筑师与周边居民及开发商进行了多次讨论。最终，通过布置了可促进公共活动的家具及装置，营造了如今的城市公共空间——"铁道之路"。

【图46-1】

大家的餐桌
大家都围坐在长长的桌子附近，就好像是围着一个餐桌的大家庭。这个桌子成为了承载大家欢声笑语的舞台。

自行车码头
以自行车出行为起点，使人们能自在地探索魅力无穷的调布。

树的家具
像树一般存在的小家具，给人们的小憩提供场所，也给街区增添绿意。

◀ 西调布站

调布站 ▶

可自由绘制的画布之路
能够自由涂写的地面也可以变成节庆活动时的舞台，也是大家的画板。

三木京王调布C馆

游戏山丘
偶尔转换下视角，感受各种不同的生活方式。这里是小孩子和大人可以一起游玩的场所。

【图46-2】广场上装置的设置原则是：不把使用方法强加给人们，而是让不同的使用者根据自己的方式享受其带来的乐趣。

【图46-4】

【图46-5】

【图46-3】

在3栋建筑物周边的步行空间中，将废弃的铁轨作为"轨道单元"布置其中。通过在单元框架中设置墙面绿化、公告板及图标等方式，营造出乐趣十足的步行网络。在C馆北侧的公共空间"铁道之路"中，通过在地面中埋入铁轨、使用原来轨道的栅栏作为新建筑周边的护栏等方式，保留了列车在此奔驰的旧记忆。

【图46-6】大家的餐桌
与大自然拼桌而坐

【图46-7】木屑的广场
激发创造性的积木

【图46-8】树的家具
半私密的场所

【图46-9】人工的草坪
像在家里般自在的广场

【图46-10】画布之路
自由涂鸦的画布

【图46-11】可动的家具
用法可自由发挥的家具

TOD与标识引导

　　铁路与标识有着密不可分的关系。

　　在车站，需要短时间内将大量的旅客引导至站台或出口。对于囊括了商业、办公和枢纽车站等综合设施的TOD来说，不仅要考虑从车站至出口的流线，还要考虑如何快速准确地将乘客引导至各条换乘线路、邻近街区以及周边建筑设施等。这样的要求会大大提高设计的难度。虽然一般都采用标识来引导人流，但每条铁路都有各自的标识规则，就须避免在多线换乘的TOD中由于各种不同标识引起的混乱。因此在新宿及涩谷等枢纽

站，换乘流线的检票口外、站前广场及城市核的标识就进行了统一规范。

　　这些改善需要行政及铁路机关共同协调解决。涩谷的标识指南就是由区域管理协议会主导制定的。

　　在TOD标识计划中需要留意以下几点：

· 标注（使用名称、象形符号、信息的统一）

· 表现（文字、色彩、布局的统一）

· 布置（结合流线的适宜布置，与广告的差异化）

区域·分区通过背景颜色进行强调

广场·公共设施通过黄色线条强调

设施的名称记录在亮色背景上

节点广场记录在中间浅色背景上

【图C2-2】涩谷站实例
（涩谷流）

交通机关的信息记录在下端深色背景上

可是在流线复杂难懂的空间中，标识可以引导的范围有限。这种情况下利用直觉进行方向引导就变得十分重要。

通过光线引导人流是最简明的方式，另外在换乘过程中直接展现目的地——铁路本身也是另一种有效手段。

【图C2-3】通过光引导方向的案例（伦敦地铁金丝雀码头站）

在京王吉祥寺车站站厅改建项目中，通过在靠近JR中央线一侧设置开口，使得井之头线与中央线的车辆可以视线相通。这一设计，让即便是初来的乘客也可以凭直觉直接找到方向。同时从安全角度出发，为了不影响JR的这一边，京王的开口处万一发生火灾，在开口处也特别设置了防火卷帘。

【图C2-4】大楼改建前的京王井之头线吉祥寺车站检票口外站前广场

【图C2-1】新宿站（新宿南口）

【图C2-5】大楼改建后的京王井之头线吉祥寺车站检票口外站前广场

万物可萌——治愈系艺术的力量

提起涩谷的集合场所,最先想到的是八公前广场。在拥挤的车站徘徊后走向出口,最终在气势壮大的涩谷站前十字路口找到八公铜像,那时的安心感与幸福感是大家都有体会的。

城市车站普遍流线复杂且拥挤喧嚣。出于对"被治愈"的渴望,在车站通常会设置公共艺术。治愈系本身的吸引力使人们聚集在一起,自然而然地成为了"集合约会的场所"。

车站的公共艺术在将车站个性化方面担任着很重要的角色。它们都有各自"特别的故事"。

接下来介绍其中几个。

东京 TOKYO

【图C3-1】

忠犬八公像

东京都涩谷区 涩谷站
落成时间:1934年(现在的雕塑为1948年)
制作者:安藤照(现在的雕塑为安藤士)

由于不知道主人突然的病逝,每天在涩谷车站等主人归来的忠犬八公。它的忠诚唤起共鸣。为了纪念它而立的铜像,直至今天仍是涩谷的地标性萌物。

【图C3-2】

摩艾像(モヤイ像)

东京都涩谷区 涩谷站西口
落成时间:1980年
制作者:大后友市

为了纪念"新岛交由东京都管辖"100周年,由新岛赠予涩谷的摩艾石像,拥有正反两张面孔。是由新岛挖掘的抗火石构成。

【图C3-3】

希望君(Hope君)

东京都涩谷区 涩谷站东口
落成时间:2001年11月
制作者:佐藤贤太郎

涩谷宫益商店街振兴协会为了街区的繁荣昌盛,将宫益坂下十字路口一角,种有三棵榉树的休息点命名为"宫益中庭"。

【图C3-4】

Suica企鹅

东京都涩谷区 新宿站
落成时间:2016年
制作者(原画):坂崎千春

2016年7月,JR新宿站新南口车站出口设置的"Suica的企鹅广场"开放了。据说在2001年11月时Suica(西瓜卡)使用的纪念仪式也是在新宿举行的。

【图C3-5】

母亲(Manma)

东京都港区 六本木站 66广场
落成时间:2002年
制作者:路易丝·布儒瓦(Louise Bourgeois)

全世界9个大蜘蛛——母亲系列雕塑中的一个。雕塑饱含的是对母亲的憧憬之情。六本木新城的巨大蜘蛛雕塑,吸引着从世界各地来访的游客们,编织着新的信息网络。

【图C3-6】

回声(ECHO)

东京都墨田区 锦系町站北口
落成时间:1997年
制作者:劳伦·麦德森(Loren Madsen)

作为"音乐之都隅田"的象征,设置在锦系町站北口的交通广场。"曲玉"表示的是乐谱的低音谱号,左右各用5根钢丝表示五线谱。

横滨 YOKOHAMA

【图C3-7】

横滨之诗

神奈川县横滨市西区 横滨站
落成时间：1981年
制作者：井手宣通

作为横滨站东口地区综合开发规划中的一环，在东口地下街PORTA开张纪念之际，以"日本文明的黎明"为主题设置了陶板浮雕。

【图C3-8】

横滨悠悠
(Moku Moku Waku Waku Yokohama YoYo)

神奈川县横滨市西区 港未来站
落成时间：1994年
制作者：最上寿之

艺术家以风的流动为灵感，想象着"缭绕的云朵"制作了这个作品。同时也有缓和建筑间风向的作用。夜晚的泛光照明更是展现出其巨大空间的灵动感。

【图C3-9】

樱木町之墙
(樱木町on the wall)

神奈川县横滨市中区 樱木町站
落成时间：2004-2007年
制作者：Rocco Satoshi等

此作品原本为旧东急东横线高架下的涂鸦，后来被公认为市民艺术，并作为横滨市实验性艺术工程的一部分，不断发展起来。后来随着车站的修缮、补强工作，现已被拆除。

名古屋 NAGOYA

【图C3-10】

飞翔

爱知县名古屋市中村区 名古屋站樱通口
落成时间：1989年
制作者：伊井伸

为了纪念名古屋建市100周年而设置的。以绳文土器的绳子为灵感，象征着市民围成一个圈共同营造社区，并与全世界共享信息的美好未来。

【图C3-11】

奈奈酱

爱知县名古屋市中村区 名古屋站
落成时间：1973年
制作者：Shureppi公司（瑞士）

作为名铁百货店的标志而诞生的巨大人偶。她代表名古屋站的形象，并受到大家的喜爱。此处也是公认的汇合场所。随着季节的变换，奈奈更换的服装也被认为代表了最新的流行趋势。

【图C3-12】

金鱼 (Gold Fish)

爱知县名古屋市中村区 名古屋站
落成时间：2016年
制作者：祐成政德

JP大厦名古屋中的雕塑。以名古屋城的金色螭吻为主题制作。高8.88米，与名古屋市章"八"字相互呼应。雕塑蕴含着面向未来传递跃动而绚烂的桃山文化的美好愿望。

大阪 OSAKA

【图C3-13】

黄金时钟

大阪府 大阪站内5层 时空广场
落成时间：2011年
制作者：水户冈锐治

黄金时钟矗立在站厅内时空广场之上，并俯视着下方出发与到达的列车。它象征着城市的"节点"，也成为了全新的休憩场所的中心。

【图C3-14】

保存驱动轮

大阪府 大阪市淀川区 新大阪站
落成时间：1984年　制作者：不明

蒸汽机车C57155号机的第1驱动轮的实物，以"东海道新干线20周年纪念"为契机而设置。驱动轮为钢铁制作，重达2660千克。31年在轨道上的奔驰，已经将它打磨成镌刻着历史的艺术品。

【图C3-15】

大阪薇基 (OSAKA VICKI)

大阪府 大阪市中央区 心斋桥站
落成时间：1998年
制作者：罗伊·利希滕斯坦（Roy Lichtenstein）

心斋桥地下街开业时，在煞风景的冷却塔墙上绘制作品。这幅画的原作是罗伊·利希滕斯坦在1964年制作的"薇基(VICKI)"系列。

铁路电力，车站大楼电力
——TOD的设备规划①

一般情况下，铁路所需用电是由电力公司的输电线分支而来，经过铁路变电所转换后，通过馈（电）线※传送给路面列车和车站内使用。

与铁路电源不同，车站大楼的电源采用的是一般商业用电电源，因此需要额外同电力公司制定合同。虽然这违反了电气事业法中"一地一线"的原则，但是TOD项目作为特例，允许不同种类电源的共存。为了避免电线混乱，电力设备规划中就需要明确区分一般商业用电源与铁路电源的提供范围。

（※）馈（电）线：是指将电力直接供应给与列车连接的架线（列车线）的电线。

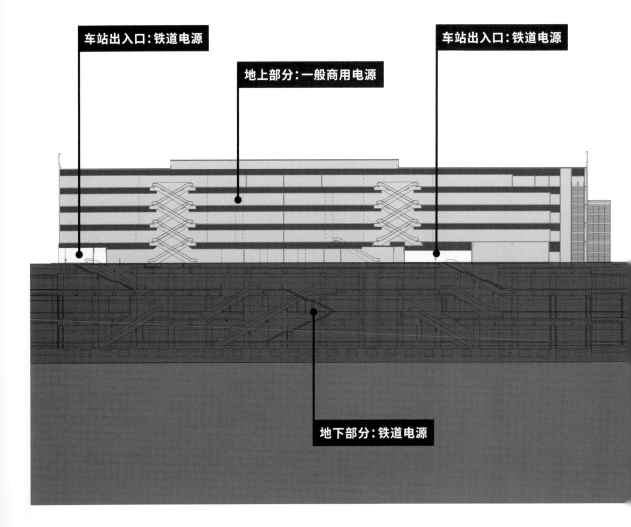

车站出入口：铁道电源

地上部分：一般商用电源

车站出入口：铁道电源

地下部分：铁道电源

【图E6-1】三木京王调布（Trie-京王调布）

地上车站大楼部分采用一般的商业用电源，地下部分是车站设施，采用铁路电源。但是由于是地下车站的缘故，乘客用的地上出入口设置在车站大楼内部。因此，为明确区分于车站大楼，出入口地上区域（黄色区域）采用铁路电源。

一个建筑设置一个防灾中心。那么在车站与车站大楼中，防灾中心应该设置在哪里呢？
——TOD的设备规划②

在消防法中规定，大规模建筑物中需要设置有综合控制台的中央管理室(以下称为"防灾中心")。但是一个建筑中如果设置多个防灾中心会造成防灾指示管理上的混乱，因此原则上防灾中心仅能设置一个。在车站与车站大楼复合组成的TOD中，铁路公司为了尽量确保安全，认为在车站内设置防灾中心是最为理想的。但是由铁路公司管理商业设施也会面临各种难题。因此，车站与车站大楼的防灾中心的设置，需要根据实际工程项目情况而定。同时考虑到如果在商业区域发生火灾，又可能导致车辆停运，会对乘客造成较大影响，所以在对建筑的"切分"与"连接"上，还需要认真研究探讨。

【图E6-2】关于防灾中心

在消防法中规定，大规模建筑物中需要设置包含一个综合控制台的中央管理室。
防灾中心是消防队灭火救援活动的据点，需要具有可以统一把握防灾设备情况的功能。

	A案	B案	C案	D案
防灾的形式	车站大楼：防灾中心 车站：消防监控系统	车站大楼：主防灾中心 车站：次防灾中心	车站大楼：防灾中心 车站：防灾中心	车站大楼的防灾中心中也设置车站的防灾监控
模式图	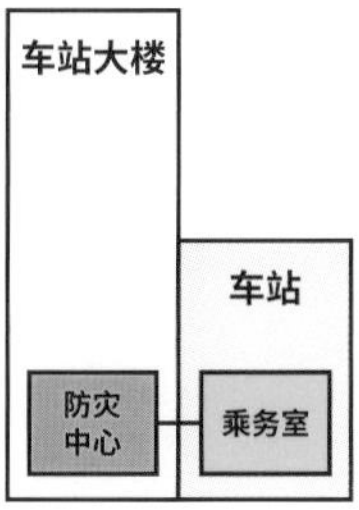	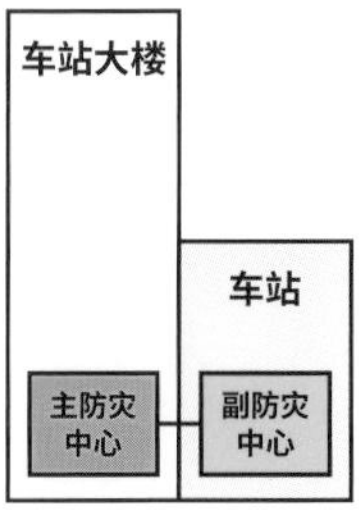	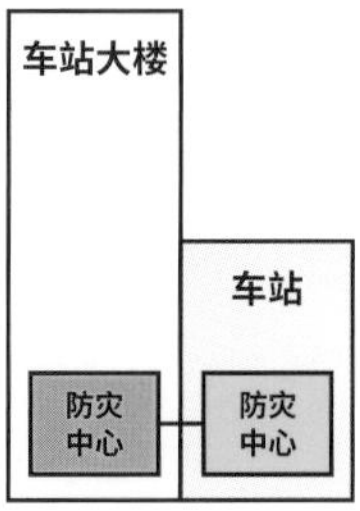	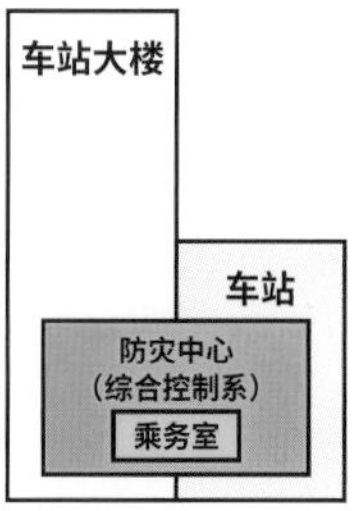
是否需要总务大臣的认定	不需要	不需要	需要 一栋建筑中如果存在多个消防控制系统，则其设置需要得到总务大臣的认定	不需要
防灾中心评价	由所属消防局指导	由所属消防局指导	一般需要消防局指导。但是为得到总务大臣的认可，如果已经接受过性能评价，有可能不需要再接受消防局指导	由所属消防局指导

对未来TOD的思考
Future of TOD

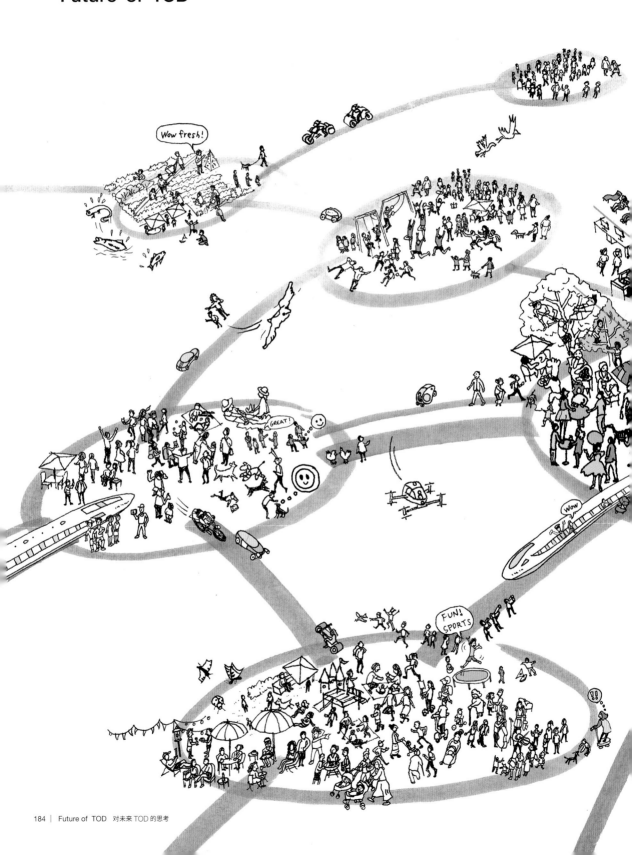

泡沫经济时代过后，TOD推动了以东京为首的日本各大城市的发展更新。这种以公共交通为前提的城市开发形态可以说是一种日本独有的开发模式。对于东京这种超级城市圈来说，"中心性"在城市发展中尤为重要，因此连接中心与外缘的"交通"也顺理成章地成为了城市结构的中心。然而，随着未来信息技术与移动方式的不断发展，更多样化的"移动"方式和随之而来的城市形态也将被重新打造提升。特别是以共享（share）为基础的新社会形态，开始不断地涌现在交通和其他各个领域。即城市，由"中心性"向"分散性"转变。如果说这是社会的前进方向，那么如今就需要对TOD的价值、TOD自身存在形式和思维方式进行重新思考。这一部分，我们将对TOD在未来瞬息万变的社会中发挥怎样的价值，进行假设和思考。

【图F-1】

未来社会是什么？

What is Future Society?

由于近年来社会环境的急剧变化，城市中人们的生活方式和价值观也在不断发生巨变。IoT（物联网）和ICT（信息通信技术）、AI（人工智能）和机器人等技术创新、人类的长寿化趋势（百年人生）和工作方式的变化以及区块链[※1]都在推进分散型社会的形成，并加速各个领域中的创新发展。与此同时，每个人的生活方式都更加多样化，所期待的城市功能和环境也会变得愈加复杂。在这种情况下，未来城市中的TOD又该何去何从呢？

这里，在思考未来TOD的基础上，应对其所处的社会背景进行梳理。

迎接TOD4.0时代	可享受各种体验的城市交通枢纽

在考虑未来的TOD时，需要对效率性和合理性这种现代化趋势中追求的价值观进行思想转变。一直以来以"移动"为活动中心的交通枢纽形态，在未来应脱离对效率性和合理性追求的限制，为用户提供更有价值的场所。

这并不只是简单地创造一个可供"移动"和随之而生的附带行为（车站建筑开发带来的商业活动等）的场所，而是从用户的体验价值出发，去追求可实现区域价值最大化空间的存在方式。这样的话，即使将来人们对"移动"需求减少或转而利用其他交通设施时，也可以不受限于"移动"的概念，从而实现具有较高冗余度的价值创造。

不局限于移动，而是打造多功能的人们乐于前往的场所，也是对"TOD的未来形态＝TOD4.0"的一种启发性思考。

车站的出现
TOD1.0

站楼一体化
TOD2.0

站城一体化
TOD3.0

站城人一体化
TOD4.0

创造功能价值	现在	创造意义价值

【图F-2】TOD的转变

正如Uber[2]与Lime[3]等利用城市闲置资产的新型移动服务所展现的一样，在共享世界中交通移动的概念也在发生变化。在共享的概念中，公共与私人的界限正逐渐被打破。尤其是Uber这种以用户为主的灵活的移动方式，即使与现有的公共交通系统相比，在便利性和效率性方面也具有自己的优势。假设在共享社会中用户数量进一步增加且成本降低，但公共交通还像以往一样只追求"移动"的效率性和便利性，那么就很可能被共享社会抛弃。

这一背景下，公共交通服务就应在"移动"以外寻求创造新的价值。这是一个MaaS（Mobility as a Service移动即服务）的世界，除移动相关的功能性价值外，还需要追求新的价值。也就是说，从现在开始我们要突破现有交通服务的框架束缚，寻求一种可以转变交通移动价值的新服务／商业模式，即通过连接所有的移动方式来提升便利性，使用户在时间上拥有更多的自由。

【图F-3】"移动共享"正在普及

【图F-4】自动驾驶将改变移动时间的价值

【图F-5】MaaS的概念图

从包括联合办公（WeWork）在内的共享工作市场规模的快速增长可以看出，人们的工作方式和生活方式正在探索一种不受场所和以往规则约束的、自由的新方式，而这种探索已开始蔓延到各个层面。政府今后也会继续推动其所提倡的"工作方式改革"的发展。

随着百岁人生时代的到来，价值观与生活方式也将越来越多样化。TOD为何物？未来TOD又将何去何从呢？

对TOD的思考，就是对公共交通以及对以公共交通为中心的生活方式的价值的思考和发问。更进一步说，是对日本未来城市及城市生活方式的思考。

当考虑到未来日本城市形态以及那时的生活方式，面向未来对TOD进行升级也势在必行。即应该致力于突破20世纪的效率性和合理性的框架来创造具有意义的新价值。

中央集权型

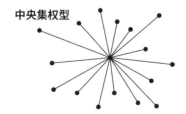

自律分散型

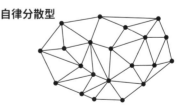

【图F-6】中央集权型与自立分散型的图示

※1：通过加密技术将各种交易记录按先后顺序链式相连，以维护正确记录的一种技术。可以预料通过这种技术每个系统都拥有各自账本信息的世界，将转变为以账本信息共有为前提的、系统依旧处于分散状态下的联合的新世界。除虚拟货币外，该技术还将广泛应用于金融商品、不动产和商品等的交易以及不同所有者工业设备间的信息传播。

※2：由美国企业Uber Technologies运营的车辆调度网站和车辆调度APP。现已在全球范围内覆盖了70多个国家的450余座城市。

※3：LimeBike公司以洛杉矶为中心开发的电动滑板车共享服务。最高时速24千米，速度要快于自行车。作为代替汽车的交通工具，正在扩大其市场份额。

由用于"移动"的客运站转变为集中
人、物、事的"城市"的客运站

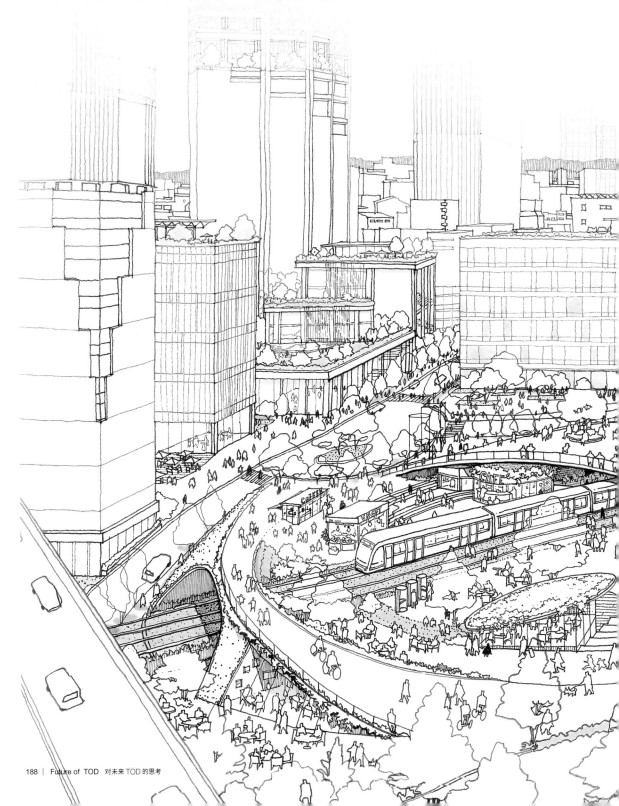

交通枢纽不再只是"移动"的据点，通过将其建设为集中人·物·事的城市节点，是否能够创造出新的价值呢？能否描绘出那样一种未来：人们不再仅出于"移动"目的的出行，而是为了那里具有特殊的体验和活动而前往交通枢纽。那里将是可以遇见各种人、物、事，与聚集体验和活动的"城市"融为一体的未来交通枢纽。同时，既充满着各种际遇，也能体会到意想不到的乐趣。那里不再是如过去以功能为主，井然有序的客运空间，而是允许预期之外事件发生并提供同以往截然不同的使用方法。那里将成为包容各种"消遣"和"留白"的灵活多变的新一代客运空间。以往无法想象的站前时光和活动将陆续展开。

例如，将车站作为办公室，成为创造各种邂逅的商务车站；或者将车站作为剧院，成为能够偶遇快闪时装秀等充满惊喜的娱乐场所。商务车站将成为创造各种体验·活动的舞台。这样，一直以来用于交通目的的传统型客运站便会蜕变为能体验各类丰富活动的场所。最终，活动会蔓延至整个城市，受其影响城市也将变为更具创造性的空间，车站和城市将因这些活动紧紧地联系在一起。

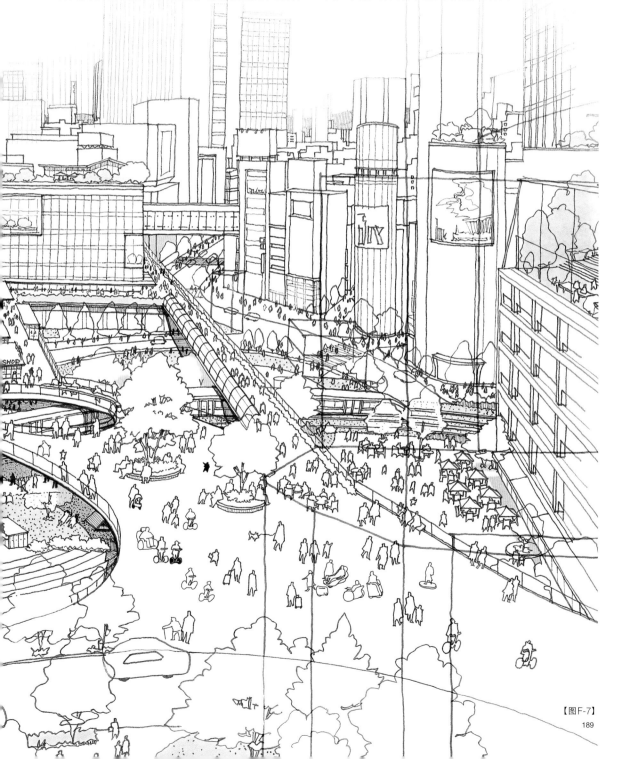

【图F-7】

超越"普适性"的新公共性
地区本土化和个人个性化

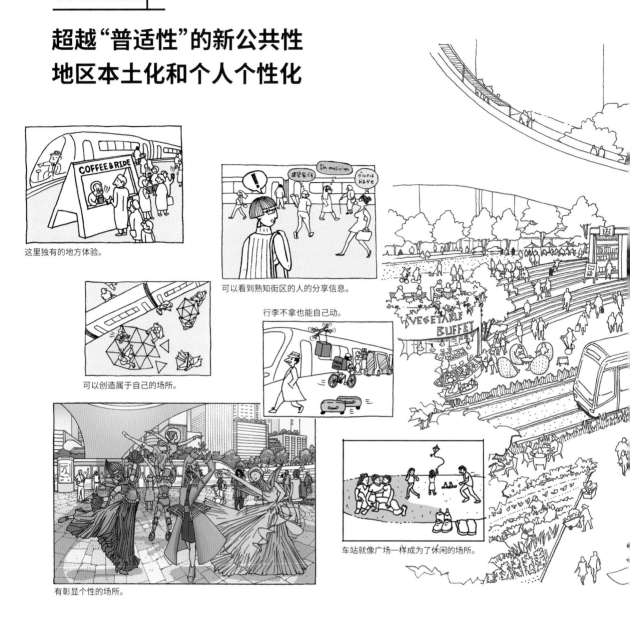

这里独有的地方体验。

可以看到熟知街区的人的分享信息。

行李不拿也能自己动。

可以创造属于自己的场所。

有彰显个性的场所。

车站就像广场一样成为了休闲的场所。

当我们来到一座城市时，最先映入眼帘的便是站前的集客空间，在那里看到的景象和体验会成为人们对于那座城市的第一印象而被深深烙印在记忆中。换而言之，传统的交通枢纽一直在扮演着城市"玄关"或者成为展现城市个性的"媒体空间"这样的角色。

交通枢纽是各种人群来来往往、具有极高公共性和包容性的地方。一直以来，对于"公共性"和"通用性"的过度追求，导致大多交通枢纽都被建设成枯燥无味的空间，结果就出现了许多"长着类似面孔"的站前空间和城市空间。在过去的日本城市中，虽然在社会和法律方面出现了一些不明确的灰色区域，但也成为了赋予城市色彩与活力的场所。战后的黑市和现在仍然留存的横丁（胡同）文化等便是彼时遗迹，也确确实实为城市提供了趣味与活力。在近年来的一系列再开发过程中，这些遗迹逐渐被梳理、拆除，城市原本的"杂质"被永远地净化了。

然而，为了将来实现长尾效应空间，需对所有元素一视同仁，这就需要对一直以来的"公共性"概念进行重新思考并敢于打破常规。这也是如何超越以往"通用性"（即任何人都可以轻松使用和前往）、设计出上述新"公共性"的问题。思考TOD的未来，也就是思考未来的城市形态，使其成为拉动城市和地区发展，并为未来城市建设提供驱动力。

像大家的餐厅般的场所。

满足每个人的个性化要求。

成为小孩子的游乐场。

在哪里都可以工作，也就没有了"去上班"的概念。

就算在车站也能收到包裹。

【图F-8】

有可以临时处理工作的空间。

那么，今后的时代，什么才是城市所需要的呢？其中之一应该是城市和地区的地方特色以及在那里生活工作的每个人的个性。遇见那里独有的人·事·物本身便具有莫大的魅力。我们即将迎来一个在创造城市价值时越来越需要特色和个性的时代。作为容纳这些的载体，交通枢纽应该成为可体现地区和人们的个性且具有影响力的场所。来到车站便能遇见那座城市特有的活动和风景，这样的车站形态将是未来城市所需。

为了体现以上所说，物理上的建筑和空间设计、入驻商铺的特点自不必说，包括那里人们的行为、空间氛围和世界观在内，需要从用户的角度出发对设计进行全面彻底

的思考。虽然已经可以通过消费者行为历史数据等信息通信技术满足用户需求，但城市设计由于一直以来强调硬件的自上而下，导致规划难以满足个性需求，这就需要谋求自下而上型城市规划的转型，以便对充分利用城市个性场所的运营和设计进行管理。地区的个性和"风格"为何物？这时又适用怎样的经验？从城市品牌和用户的经验价值的观点来看，需要从各种不同的视角对交通枢纽空间进行设计。这是以"移动"为前提的TOD的升级，而不是由"交通"派生出来的各种功能的叠加，是能创造出城市原生特有价值的TOD新姿态。

ICT信息通信技术※区域管理
——可提升城市价值的大数据的利用

（※）ICT信息通信技术… Information and Communication Technology

大数据、IoT（物联网）、AI（人工智能）…… 这些都是全球范围内发展的信息技术的名称。这些先进的信息技术将来也有望应用于城市和建筑领域。

在思考未来的TOD时，这些也将是今后最基本的技术要求。

在城市规划领域，正在以城市紧凑化和城市管理最优化为对象，利用开放数据和GIS（地理信息系统）进行城市分析。

从2010年开始，对移动电话GPS（全球定位系统）数据、无线热点(Wi-Fi)日志和消费者购买历史等数据的利用可能性进行验证。不知道大家是否了解半导体性能约18个月便会提升一倍的"摩尔定律"。如今现实社会中信息生成量和可利用信息量的增加幅度（大数据化），其表现和摩尔定律如出一辙。

这里指出了利用信息通信技术的城市管理的方向，即有助于TOD的未来发展，并支持创造多元化价值的城市管理。作为提升区域价值的数据利用型城市管理手段之一，这部分具体对以TOD为对象的"信息通信技术区域管理"进行介绍。

城市的价值提升

城市也是一种生物。它既会老化，也存在再生的可能性。城市形成后，根据社会经济的增长情况会进行二次开发。近年来从城市再生的角度，屡次对城市的主要据点部分进行了再开发。例如，城市开发对城市价值的影响，可从土地价格的变化一目了然。以3个年份为单位（1983年→2000年→2017年）的土地价格变化（上升或不变或下降×2时点）来看，主要城市开发区域在再开发后，其土地价格全部呈上涨或继续保持上涨的趋势（图C4-1）。由此可以确认，通过城市开发的区域再生能够维持和提升城市价值（城市实力）。不过上述示例是以传统硬件设施为主体的城市价值提升案例。今后，有望通过充分利用现有城市设施和社会基础设施，以及信息通信技术等软条件实现城市的价值提升。其重要性和有效性还会与日俱增。

ICT区域管理案例(平时) 打造繁华城市

虽然从ICT方面人们可采取多种措施，但从"提高人类幸福感"的视点来看，对城市人流(行人数量、移动轨迹等)进行更高精度和更高分辨率的数据采集、分析、评估是十分有益的。

人流（行人数量）与零售店数量和销售额、土地价格等密切相关，所以它被定位为衡量城市活力和繁华程度的重要指标。

最近随着GPS数据、Wi-Fi数据、激光计数、摄像机图像等利用ICT的新技术的开发和普及，人流传感技术也得到了发展，这使得更高精度更高分辨率的数据收集成为可能。

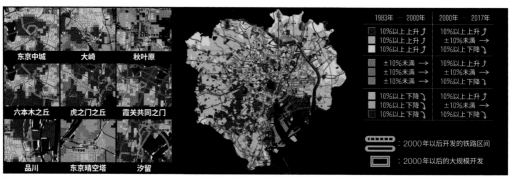

【图C4-1】以大规模城市开发为例的土地价格变化

① 移动电话GPS数据

GPS数据是通过持续获得人体所处位置的经纬度信息来计量的人流（行人数量、移动轨迹等）数据。

举个例子，阿古普(Agoop)的移动GPS数据基于固定时间间隔（包括使用应用程序时）获取的经纬度信息来了解用户在一天中的移动轨迹。当然，这其中不包括个人属性。

如图C4-2所示，对东京23区一天内的人流动向进行了可视化。可以看到铁路沿线上有许多移动（获取位置信息）轨迹，这大致可以描绘出以铁路为中心的城市结构和以市中心枢纽站（JR山手线等）为中心的人们的移动轨迹。

【图C4-2】东京23区一天内的人流动向 [数据提供：Agoop]

图C4-3是对东京市中心（JR山手线周边）人流滞留情况的工作日、休息日进行比较。

工作日时，由于出勤等原因可以看到人流多集中于山手线东侧区域，且从9点到15点之间变动不大。另一方面，比起工作日，休息日里人流向市中心集中的时间段要稍微晚一些，可以看到人流分散到了商业设施集中的市中心枢纽站。

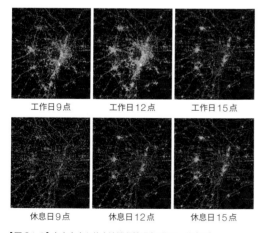

工作日9点　　工作日12点　　工作日15点

休息日9点　　休息日12点　　休息日15点

【图C4-3】东京市中心的人流滞留情况（工作日、休息日）
[数据提供：Agoop]

[涩谷站周边的人流动向（主要动线、移动轨迹）]

如图C4-4所示，将涩谷站周边工作日一天中的人流动向按照时间顺序连接成移动轨迹。由此可以确认涩谷站半径1千米范围内的主要人流动线（从哪个方面聚集到涩谷站来，哪个区域吸引更多的人员滞留等）。

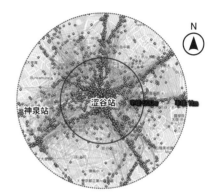

【图C4-4】涩谷站周边一天内的人流动向（分析结果）

[涩谷站周边各区域、各时间段的滞留情况]

以涩谷站周边两个不同用途的区域在各个时间段滞留情况为例。

从图C4-5可以看出，办公、商业等多用途构成的明治大道西区从8点到深夜之间的滞留分布相对平缓，人们几乎整天待在这里（滞留人数比例变动很小）。

而以办公为中心的明治大道东区，一天中的波动幅度要大于西区，尤其在20点之后可以看到滞留人数显著减少（可以设想为下班回家）。

明治大道西区

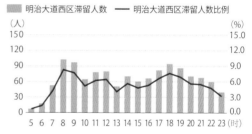

明治大道东区

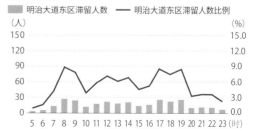

【图C4-5】涩谷站周边两个地区滞留情况的差别（分析结果）

根据混搭建筑用途对各种用途滞留时间的分析调查

以建筑用途的空间信息(GIS数据)为基础,通过混合使用移动GPS数据,以在同一建筑用途中停留15分钟以上的滞留者为对象,计算出各种用途的平均滞留时间。虽然样本数量有限,分析结果显示办公建筑平均滞留时间为7.0小时,商业设施平均滞留时间为2.2小时。

今后还需要开展更多调查,比如对建筑内垂直方向进行分析等,这种方法可以用于一些基础数据的分析,比如现状利用情况、区域滞留时间以及为提升回游率所进行的建筑用途构成和配置等。

土地利用	平均滞留时间(h)
办公建筑	7.0
酒店建筑	8.2
商业建筑	2.2
商住并用建筑	4.8

【图C4-6】各种用途建筑的平均滞留时间(分析结果)

② Wi-Fi日志

Wi-Fi数据是从设于城市中的Wi-Fi接入点(AP)获取的Wi-Fi位置信息。通过以AP为单位持续获取人员位置来计量人流(行人数量)。移动GPS很难实现的建筑内垂直方向上的数据测量,借由这种方法(各楼层的AP设置)成为可能。现在,一般情况下AP的通信范围小于100米。

以软银AP在东京城市圈分布的可视化为例,东京城市圈中,AP分布在铁路站周围地区。

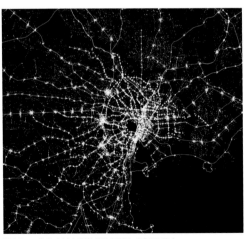

【图C4-7】东京城市圈的Wi-Fi接入点(AP)分布
[提供数据:软银]

大阪御堂筋大型活动中的人流分析

以大型活动为例,对使用Wi-Fi数据的可能性进行了验证。我们再现了活动区域的滞留者和游客情况。滞留者的年龄段主要集中在10～40岁之间,从早上开始突然增加,在活动时间段内呈现出峰值(图C4-8)。游客中,约6成来自大阪府内,约4成来自大阪府外(图C4-9)。从通过断面交通量来掌握移动峰值的AP可以确认到两个对应活动的峰值(图C4-10)。这样一来,便可以定量掌握以往只能定性描述的事项。基于本次验证,我们认为通过适当组合Wi-Fi数据、移动GPS数据、基站数据和交通IC数据,可以更精确地掌握大型活动滞留者的情况。

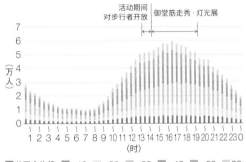

【图C4-8】御堂筋周边地区的停留状况
(按照年龄区分的、总访问数:有个别重复)

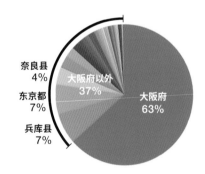

【图C4-9】活动游客的居住地(根据合同住址汇总)

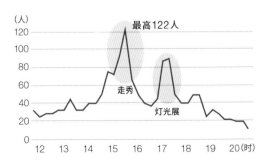

【图C4-10】活动空间代表断面上各时间段的通行人数

ICT区域管理案例（灾害时）强化游客防灾管理

2011年3月11日的东日本大地震时，首都圈约有515万人（据内阁府估计）难以回家。访客在发生灾害时会变成"无依无靠的受灾者"，这就需要建设灾后可供受灾者容身2～3天的临时滞留设施。

我们利用移动GPS位置信息来掌握城市功能聚集区中各时间段滞留者的分布情况和灾害发生时滞留者的行为模式等信息，并试图利用其进行有效的避难空间规划。下面以东京站为例进行介绍。

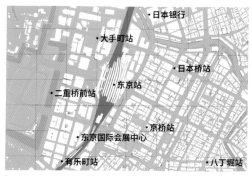

【图C4-11】东京站周边的对象区域（2km×2km）
数据来源：根据国土交通省城市局城市安全课《利用大数据的城市防灾对策研讨调查（H25、3）》制作

震灾时和平时滞留情况的比较：东京站周边

东京站周边白天的最大滞留人数约为60万人。工作人员等约有24万人，访客约有36万人。地震发生后，穿行人员急剧减少，工作人员等向区域外的移动很少。到了晚上，与平时相比，滞留者（工作人员、访客等）的减少幅度显得平缓许多，可以看出已经出现了难以回家的人群。

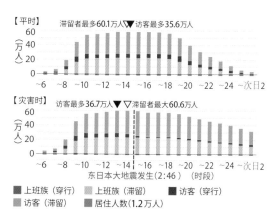

■ 上班族（穿行）　□ 上班族（滞留）　■ 访客（穿行）
■ 访客（滞留）　■ 居住人数（1.2万人）

【图C4-12】震灾时与平时滞留情况的比较：东京站周边
数据来源：根据国土交通省城市局城市安全课《利用大数据的城市防灾对策研讨调查（H25、3）》制作

从再现了滞留情况空间分布的图C4-13可以确认，在地震发生的深夜，很多人滞留在车站和大型设施周围。

[平时] 2011.3.4的滞留状况　　[灾害时] 2011.3.11的滞留状况

【图C4-13】震灾时与平时滞留情况的比较：东京站周边
数据来源：根据国土交通省城市局城市安全课《利用大数据的城市防灾对策研讨调查（H25、3）》制作

移动电话等位置信息大数据，在个人位置信息、个人属性以及防灾管理方面是非常有用的。今后，随着入境游客的日益增多，不仅限于国内游客，对于外国游客的防灾救援也非常重要。

可持续发展城市

1997年，英国私营企业家约翰·埃尔金顿提出了评估社会、经济、环境的三重标准底线。其精神如今被确立为CSR（企业的社会责任）。在投资领域，受到2006年原联合国秘书长科菲·安南发起的PRI（责任投资原则）的影响，考虑到环境、社会、公司治理的ESG投资被逐渐普及。2015年，联合国发展峰会批准通过了SDGs（可持续发展议程），并作为2030年前的全球发展纲要，规定了17个可持续发展目标和169个具体目标，指明了今后的发展方向。

作为提升城市价值、打造可持续发展城市的措施，"紧凑型城市"的推进和TOD的进化可谓行之有效。如上所述，今后不仅是硬件方面的措施，利用信息通信技术彻底实现城市高效运营的方法将变得愈加重要。另外，对于持续增长而言，除效率性和经济合理性外，也不应忽略有助于创造多元化价值的环境因素。

今后创建具有国际竞争力，且能够实现可持续发展的城市时，在推进国际目标即均衡考虑社会、经济、环境的城市建设的同时，提升区域价值、灵活运用ICT技术的"数据利用型城市管理"将成为未来的标准。

索引
INDEX

针对各个车站"一天平均乘降人数"的数据，
如果没有特别说明的话，
均是根据各个铁道公司于2017年发表的统计数据制成。
另外针对各个项目的概要，
分别根据《新建筑》杂志刊登的项目介绍数据，
以及项目公开的资料制作。

※仅日本铁道东海的数据是根据2016年，两线路数据的总计。

涩谷站

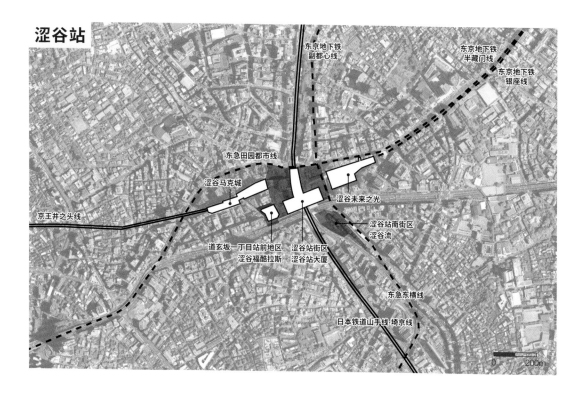

涩谷站是包含JR东日本山手线、埼京线、东急电铁东横线、田园都市线、东京地下铁半藏门线、副都心线·银座线和京王井之头线的四家公司八条线路的枢纽站。涩谷站又如它的地名所示，是在沿着山手线成南北分布的狭长山谷中的车站。利用涩谷起伏的地形，各个线路在地上地下与JR立体连接。但是这个设计也造成了涩谷错综复杂、令人迷惑的车站结构。以东京2020年奥运会和残奥会为契机，涩谷展开了"百年一次"的大规模城市更新工程。民间开发商与铁路改修部门齐心协力，对站前广场、步行平台等城市基础设施进行整修，大幅提升了车站的便利性和站前的空间魅力。由此涩谷站作为新一代"娱乐之城涩谷"，被众人翘首以待。

 JR线/京王井之头线/
东急(东横线/田园都市线)/
东京地下铁(银座线/半藏门线/副都心线)

日平均
乘降人数
332万人
(2017年度)

 1 | P.020   2 | P.024

涩谷Scramble Square

19 | P.078   24 | P.102

地址	东京都涩谷区涩谷二丁目23号周边
业主	东京急行电铁 东日本旅客铁道 东京地下铁
设计师	设计者:涩谷站周边整顿联合体
	(日建设计·东急设计咨询·JR东日本建筑设计事务所·地下铁开发)
建筑师	日建设计·隈研吾建筑都市设计事务所·SANAA事务所
施工单位	涩谷站街区东栋新建工程联合体(东急建设·大成建设)
建筑面积	约181000㎡(参考 整体完成时 约276000㎡)
结构	钢结构 钢骨混凝土结构 钢筋混凝土结构
层数	地下7层 地上7层
最高高度	约230m
预定工期	2014年—2019年

涩谷未来之光

23 | P.100   34 | P.140   41 | P.166

地址	东京都涩谷区涩谷二丁目21-1
业主	涩谷新文化街区项目推进协议会
设计单位	日建设计·东急设计咨询联合体
施工单位	东急·大成建设联合体
基地面积	9640.18㎡
占地面积	8314.09㎡
建筑面积	144545.75㎡
结构	钢结构 钢骨混凝土结构 钢筋混凝土结构
层数	地下4层 地上34层 塔楼2层
最高高度	182.50m
工期	2009年6月—2012年4月
新建筑刊登	2012年7月刊

涩谷马克城

40 | P.164

地址	东京都涩谷区道玄坂1-12-1
业主	涩谷马克城
设计单位	日本设计·东急设计咨询 联合体
施工单位	东急·鹿岛·大成·户田·清水·京王建设联合体
基地面积	14420.37㎡
占地面积	13256.08㎡
建筑面积	139520.49㎡
结构	钢骨混凝土结构 钢结构
层数	东楼:地下2层 地上25层 屋顶构筑物 2层
	西楼:地下1层 地上23层 屋顶构筑物 3层
最高高度	东楼:平均GL+95.670m
	西楼:平均GL+95.550m
工期	1994年4月—2000年2月
新建筑刊登	2000年5月刊

东京站

东京地下铁
丸之内线

日本铁道东北本线·总武本线
东北新干线

东京站丸之内站厅

北塔

八重洲
开发

华盖顶棚

南塔

日本铁道东海道本线
东海道新干线

日本铁道京叶线

0　　　200m

东京站自1914年开业以来，在100多年的时间里，一直是日本经济、政治、国际交流、观光中心。2010年，东京站丸之内站厅保存及复原工作启动，之后经历了GranRoof及八重洲口站前广场竣工等一系列节点。2017年丸之内站前广场经过扩张和更新，面积也扩大至6500平方米。至此，秉承着"将东京站变成城市的街区"这一概念，车站基础设施的改造升级基本全面完成。以此新东京站为中心，特别是围绕着八重洲口"东京都城市再生项目(东京圈国家战略特别区域)"，展开了大量的再开发工程。随着工程在2020年之后的逐步完工，可以预见东京站今后作为新经济、政治、国际交流、观光中心的进一步飞跃。

🚃 JR线4线/东海道新干线/东北新干线/
东京地下铁(丸之内线)

| 3 | P.026 | | 30 | P.122 |

日平均
乘降人数
147万人
(2017年度)

东京站 八重洲口开发 GranRoof

| 13 | P.060 | | 32 | P.134 |

地址	东京都千代田区丸之内1-9-1
业主	东日本旅客铁道 三井不动产
设计·监管	东京站八重洲开发设计共同企业联合体 (日建设计·JR东日本建筑设计事务所)
施工单位	东京站八重洲开发中央部及其他新建联合体 (鹿岛建设 铁建建设)
基底面积	14439.18㎡(设施整体)
占地面积	12792.54㎡(设施整体)
建筑面积	212395.2㎡(设施整体) 14144.79㎡(GranRoof)
结构	钢结构 钢筋混凝土结构 钢结构 膜结构屋顶
层数	地下3层 地上4层
最高高度	27.00m

东京站 丸之内站厅

| 32 | P.134 |

地址	东京都千代田区丸之内一丁目
业主	东日本旅客铁道
项目总负责·监管	东日本旅客铁道东京工事事务所·东京电气系统开发 工事事务所
设计·监管	东京站丸之内站厅保存修复设计联合体 (建筑设计：JR东日本建筑设计事务所/ 土木设计：JR东日本Consultants)
施工单位	东京站丸之内站厅保存修复工程联合体 (鹿岛·清水·铁建建设共同联合体)间组(东京车站展厅内装设备)
基底面积	20482.04㎡
占地面积	9683.04㎡
建筑面积	42971.53㎡
结构	钢骨红砖结构 钢筋混凝土结构 (部分使用钢结构及钢骨混凝土结构)
层数	地下2层 地上3层(一部分4层)
最高高度	约45.00m(包括顶饰)
工期	2007年5月—2012年10月
新建筑刊登	2012年11月刊

东京站 丸之内站前广场

| 12 | P.056 |

地址	东京都千代田区丸之内1-9
业主	东日本旅客铁道
设计单位	东京站丸之内广场整备设计联合体 (JR东日本Consultants·JR东日本建筑设计事务所)
施工单位	鹿岛建设
基底面积	约18700㎡
结构	钢结构
层数	地上1层
最高高度	玻璃构筑物：3.73m 楼梯间：3.940m
工期	2015年4月—2018年2月
新建筑刊登	2018年3月刊

新宿站

东京地下铁
丸之内线

都营新宿线

都营大江户线

京王新线

京王线

东京格兰斯塔

新宿高速巴士总站

日本铁道山手线·中央线
总武线·埼京线

小田急线

0　200m

Busta新宿·
JR新宿Miraina Tower

| 21 | P.084 | 45 | P.174 |

日平均
乘降人数
338万人
（2017年度）

地址	东京都新宿区新宿4-1-6 周边
业主	国土交通省 关东地方整备局
	东京国道事务所 东日本旅客铁道 LUMINE
设计单位	东日本旅客铁道 JR东日本建筑设计事务所
施工单位	新宿交通节点整备事业·文化交流设施等：大林·铁建·大成·
	FUJITA建设联合体 JR新宿
	Miraina Tower：大林·大成·铁建建设联合体
基地面积	17860.96㎡
占地面积	18416.18㎡
建筑面积	136875.37㎡
办公面积	标准层（办公）3011.21㎡
结构	钢结构 部分钢筋混凝土结构
层数	地下2层 地上33层
最高高度	168.16m
工 期	2006年4月（交通节点整备）—2016年3月
新建筑刊登	2016年6月刊

🚍 JR线／京王线／小田急线／东京地下铁／都营地下铁

京桥站

京桥江户大厦

东京地下铁
银座线

0　200m

京桥EdoGrand

| 28 | P.116 |

日平均
乘降人数
6万人
（2017年度）

地址	再开发大楼：东京都中央区京桥2-2-1
	历史建筑（明治屋京桥大楼）：
	东京都中央区京桥2-2-8
业主	京桥二丁目西地区城市街区再开发组合
特定业务代理商	日本土地建物 东京建物 日建设计 清水建设
施工单位	清水建设
基地面积	7994.44㎡【再开发大楼／历史建筑物（明治屋京桥大楼）】
设计单位	日建设计／U.A建筑研究室＋清水建设设计联合体
占地面积	5182.84㎡／553.22㎡
建筑面积	113456.72㎡／5477.86㎡
店铺面积	3965.80㎡／1237.61㎡
结构	钢结构 一部分钢骨混凝土结构 中间隔震结构／
	钢骨混凝土结构 一部分钢结构 隔震改造
层数	地下3层 地上32层 屋顶构筑物2层／
	地下2层 地上8层 屋顶构筑物2层
最高高度	170.37m／36.30m
竣工年份	2016年10月／2015年7月

 东京地下铁（银座线）

银座站

东京地下铁
日比谷线

东京地下铁
丸之内线

东京地下铁
银座线

0　200m

银座线（银座线/丸之内线/日比谷线）

| 42 | P.168 |

日平均
乘降人数
27万人
（2017年度）

地址	东京都中央区银座四丁目一番二号、
	五丁目一番一号／
	东京都千代田区有乐町二丁目二番地周边
业主	东京地下铁
设计单位	日建设计·交建设计·日建设计城市工程
施工单位	大成建设
基地面积	367.03㎡
占地面积	229.23㎡
建筑面积	14316.96㎡
店铺面积	约210㎡
结构	钢筋混凝土结构 一部分钢结构
层数	地下3层 地上1层
最高高度	3.90m
竣工年份	正式开业：2023年（预定）暂定开业：2020年夏季（预定）

 东京地下铁（银座线／丸之内线／日比谷线）

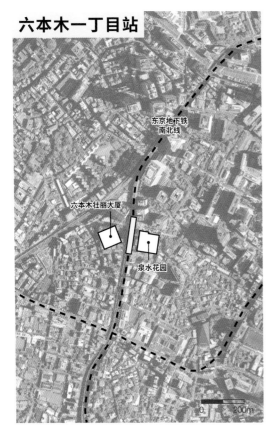

六本木一丁目站

六本木Grand Tower

地址	东京都港区六本木3-1,2
业主	六本木三丁目东地区城市街区再开发委员会
设计单位	综合监修·外观设计监修：住友不动产 城市规划·设计：日建设计
施工单位	大成·大林建设联合体
基地面积	17371.73㎡（南街区）
占地面积	9934.40㎡（南街区）
建筑面积	207744.35㎡（南街区）
结构	钢结构 一部分钢骨混凝土结构 钢筋混凝土结构（南街区）
层数	地下5层 地上40层 屋顶构筑物2层（南街区）
最高高度	230.76m（南街区）
竣工年份	2016年
新建筑刊登	2017年1月刊

泉水花园

地址	东京都港区六本木一丁目
业主	六本木一丁目东地区城市街区再开发组合
设计单位	综合监修：住友不动产 设计：日建设计
施工单位	泉水花园大厦·Hotel Villa Fontaine 六本木：清水建设/鸿池组·浅沼组·鹿岛建设·竹中工务店·住友建设JV 泉水花园住宅：住友建设·浅沼组JV 泉屋博古馆分馆：住友建设·钱高组·大成建设JV
基地面积	23868.51㎡（全体）
占地面积	11989.73㎡（全体）
建筑面积	208401.02㎡（全体）
结构	钢结构 一部分钢骨混凝土结构 一部分钢筋混凝土结构
层数	泉水花园大厦：地下2层 地上45层
最高高度	泉水花园大厦：HGL+201.00m
工期	1999年6月—2002年6月
新建筑刊登	2003年1月刊

🚃 东京地下铁（南北线） | 29 | P.118 |

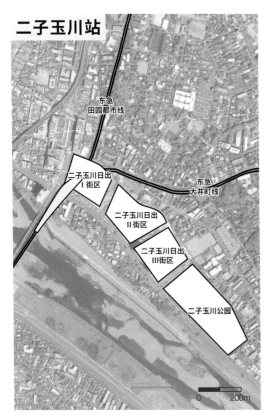

二子玉川站

二子玉川RISE

| 8 | P.038 | 16 | P.068 |

地址	东京都世田谷区玉川1-5000，1-41-1
业主	【第一期】二子玉川东地区城市街区再开发组合 东京急行电铁（铁道街区） 【第二期】二子玉川东第二地区城市街区再开发组合
设计单位	【第一期】设计：RIA/东急设计顾问/ 日本设计 设计共同体 设计监督：Conran & Partners 【第二期】日建设计/RIA/东急设计顾问设计共同企业体
施工单位	【第一期】东急·清水建设共同企业体（土木） 大成建设(1-a街区 3街区) 东急建设(1-b街区 2-b街区 铁道街区地) 【第二期】鹿岛建设
基地面积	【第一期】87,400㎡（包含铁道街区） 1-a街区：2950.05㎡ 1-b街区：13416.66㎡ 2-b街区：3472.03㎡ 3街区：25180.97㎡ 【第二期】28082.83㎡(2-a街区)
占地面积	1-a街区：2468.45㎡ 1-b街区：11070.76㎡ 2-a街区：22466.02㎡ 2-b街区：2471.55㎡ 3街区：18426.13㎡
建筑面积	【第一期】272400㎡（包含铁道街区） 1-a街区：17201.07㎡ 1-b街区：106750.78㎡ 2-b街区：9428.25㎡ 3街区：133353.11㎡【第二期】157016.25㎡(2-a街区)
办公面积	1-b街区标准层(办公)：约2400㎡ 1-a街区标准层(办公)：办公标准层 6-9层：约3900㎡ 10-27层：约3130㎡
结构	【第1期】钢结构 一部分钢骨混凝土结构 钢筋混凝土结构 【第2期】钢筋混凝土结构 钢结构 钢骨混凝土结构
层数	【第1期】地下2层 地上42层 屋顶构筑物2层 【第2期】地下2层 地上30层 屋顶构筑物2层
最高高度	1-a街区：45.700m 1-b街区：82.160m 2-a街区：137.000m 2-b街区：13.810m 3街区：149.000m
工期	【第一期】2007年12月—2010年11月 【第二期】2012年1月—2015年6月
新建筑刊登	【第一期】2011年6月刊【第二期】2015年9月刊

🚃 东急（田园都市线/大井町线）

多摩广场站

多摩广场露台
北广场
(东急百货店)

东急田园都市线

多摩广场露台
正门广场

多摩广场露台
南广场

0　200m

多摩广场Terrace

| 9 | P.040 | | 15 | P.066 | | 38 | P.150 |

地址	横滨市青叶区美丘1-1-2周边
业主	东京急行电铁
设计单位	东急设计咨询
施工单位	东急建设
基地面积	Gate Plaza：30969.75㎡ South Plaza：6739.98㎡
占地面积	Gate Plaza：24428.07㎡ South Plaza：5204.90㎡
建筑面积	Gate Plaza：87872.49㎡ South Plaza：24656.52㎡
结构	钢结构 一部分钢筋混凝土结构
层数	地下3层 地上3层 塔楼1层
最高高度	正门广场铁道基地：30.889m　南基地：30.313m
	北基地：20.549m　南广场：19.94m
工期	Gate Plaza：2006年6月—2010年9月
	South Plaza：2005年11月—2007年1月
新建筑刊登	2011年3月刊

日平均
乘降人数
8万人
(2017年度)

🚆 东急(田园都市线)

高轮Gateway站（品川新站）

品川开发
地区

JR山手线
京滨东北线

0　200m

高轮Gateway站

| 33 | P.138 |

未开业

地址	东京都港区港南二丁目
业主	东日本旅客铁道
设计单位	东日本旅客铁道(东京工事事务所 东京电力系统开发工事务所)
	品川新站设计联合体
	(JR东日本Consultants JR东日本建筑设计事务所)
建筑设计师	隈研吾建筑都市设计事务所
施工单位	品川新站(暂称)新设工事联合体(大林组 铁建建设)
基地面积	未公开
占地面积	未公开
建筑面积	约7600㎡
店铺面积	约500㎡
车站设施面积	约2400㎡
结构	钢结构 一部分钢筋混凝土结构
层数	地下1层 地上3层
最高高度	约30m
竣工年份	最终开业：2024(预定) 暂定开业：2020年春季(预定)

🚆 JR线(山手线/京滨东北线)

吉祥寺站

日本铁道中央线
总武线

奇那丽那京王吉祥寺

京王
井之头线

0　200m

Kirarina京王吉祥寺

| 43 | P.170 | | 44 | P.172 |

地址	东京都武藏野市吉祥寺南町2-1-25
业主	京王电铁
设计单位	日建设计
施工单位	大成·京王建设工程联合体
基地面积	3474.03㎡
占地面积	2927.03㎡
建筑面积	28441.72㎡
店铺面积	18621.23㎡
结构	钢结构 一部分钢骨混凝土结构
层数	地下3层 地上10层 屋顶构筑物2层
最高高度	53.3m
竣工年份	2014年

日平均
乘降人数
29万人
(2017年度)

🚆 JR线/京王井之头线

调布站

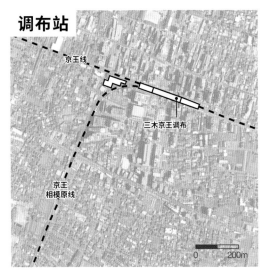

Trie-京王调布 A馆/B馆/C馆

| 10 | P.042 | 46 | P.176 |

日平均乘降人数 **13**万人（2017年度）

地址	东京都调布市布田4-4-22周边/ 东京都调布市布田二丁目48番6周边/ 东京都调布小岛町二丁目61番1周边
业主	京王电铁
设计单位	日建设计
施工单位	清水建设
基地面积	7229.39㎡/1695.07㎡/6237.35㎡
占地面积	3352.30㎡/1317.86㎡/3947.34㎡
建筑面积	18041.55㎡/7321.26㎡/16237.00㎡
店铺面积	15657㎡/4839.74㎡/1245.90㎡(电影院5771.93㎡)
结构	钢结构 一部分钢骨混凝土结构/钢结构/ 钢结构 一部分钢骨混凝土结构
层数	地下3层 地上6层 塔楼1层/ 地下3层 地上4层 屋顶构筑物1层/地下1层 地上5层 屋顶构筑物1层
最高高度	29.611m/23.69m/28.567m
竣工年份	2017年

🚇 京王线/京王相模原线

港未来站

横滨皇后广场

| 7 | P.036 | 22 | P.098 |

日平均乘降人数 **8**万人（2017年度）

地址	神奈川县横滨市西区港未来2丁目3番
设计单位	日建设计·三菱地所一级建筑士事务所
施工单位	T·R·Y工区：大成建设、鹿岛、东急建设、住友建设·熊谷组·户 田建设·佐藤工业·五洋建设·鸿池组·钱高组·大日本土木·千代 田化工三菱地所工区：大成建设·大林组·清水建设·竹中工务店· 鹿岛·间组·前天建设工业·地崎工业·户田建设·东急建设·三菱 建设·飞岛建设·松尾工务店·三木组·工藤建设
基地面积	44046.48㎡
占地面积	34490.05㎡
建筑面积	496385.70㎡
办公面积	皇后大厦A标准层(办公)：7-14楼 2281.63㎡/ 20-25楼 2325.83㎡/29-36层 2369.06㎡/ 皇后大厦B标准层(办公)：7-16楼 2608.40㎡/ 19-28层 2702.74㎡/皇后大厦C标准层(办公)：2962.42㎡
结构	钢结构 钢骨混凝土结构 钢筋混凝土结构
层数	地下5层 地上36层 屋顶构筑物2层
最高高度	171.80m
工期	1994年2月—1997年6月
新建筑刊登	1997年9月刊

🚇 横滨高速铁路

新横滨站

Cubic广场新横滨

| 20 | P.082 |

日平均乘降人数 **26**万人（2017年度）

地址	横滨市港北区新横滨2-100-45
业主	东海旅客铁道·新横滨车站开发
设计，监督单位	新横滨站整备·车站建设设计实施计划联合体 （日建设计·JR东海）
施工单位	新横滨站整备·车站建设新筑工程联合体 （大林组·JR东海建设·名工建设）
基地面积	17380.15㎡
占地面积	15063.18㎡
建筑面积	100725.86㎡
结构	钢结构 一部分钢骨混凝土结构 一部分柱CFT结构 钢筋混凝土筏式基础、带制震斜撑的梁柱结构
层数	地下4层 地上19层 屋顶构筑物2层
最高高度	74.85m
工期	2005年6月—2008年2月

🚇 JR线/东海道新干线/横滨市营地铁蓝线

大阪站·阪急梅田站

阪急
宝塚线
阪急
京都线
阪急
神户线
大阪站前综合体
地铁
御堂筋线
梅田阪急站
梅田货运线
梅北三期
(预定)
地铁
谷町线
大阪车站城
日本铁道东海道本线
大阪环状线
梅田阪急大楼
阪神电车本线
0   200m

大阪站于1874年开业，梅田阪急站于1910年开业，阪急百货店于1929年开业。至此，大阪站区域完成了车站和商业设施功能的联合，形成了现在TOD的原型。大阪站与梅田阪急站也在实现各自功能扩张的同时，不断地更新、成长。截止到2011年，大阪站一共完成了5次更新。随着大阪Grand Front的开业，北侧商圈被进一步打开，大阪的梅北区域也焕然一新。联合大阪与大阪Grand Front的梅北2期开发也在稳步推进，并预计在2026年完工。这个开发以"融合绿色与创新"为概念，将会营造出一个规模达45000平方米的城市公园，并且大幅缩短城市至关西国际机场的时间，提高出行便捷度。大阪作为一个兼具创新与国际性、先进性的城市，其成长也被报以期待。

6条JR线/阪神本线/
阪急(神户本线/宝塚线/京都本线)
大阪地下铁(Osaka Metro)
(御堂筋线/谷町线/四桥线)

日平均
乘降人数
237万人
(2017年度)

Grand Front大阪

地址	大阪府大阪市北区大深町
业主	NTT都市开发·大林组·Orix不动产·关电不动产· 新日铁兴和不动产·积水住宅·竹中工店·东京建物 日本土地建物·阪急电铁·三井住友信托银行·三菱地所
全体统括	日建设计+三菱地所设计+NTTFacilities
设计单位	【北口广场】基本设计+设计监督：安藤忠雄建筑研究所 基本设计：日建设计 实施设计：日建设计+大林组 【南馆·塔A】基本设计：三菱地所设计(建筑) 日建设计(设备) 实施设计：三林地所设计+大林组(建筑)+日建设计+大林组(设备) 【北馆·塔B】基本设计：日建设计 实施设计：日建设计+竹中工务店 【北馆·塔C】基本设计：NTTFacilities 实施设计：NTT Facilities+竹中工务店 酒店内装设计：NTTFacilities+ILYA 【Grand Front大阪Owners Tower】大阪站北地区先行开发区域实施计划业务联合体/三菱地所设计+竹中工务店+大林组+日建设计*+NTTFacilities*（*开发区域内调整）
施工单位	梅田北庭院共同企业体/大林组+竹中工务店
基地面积	47917.94㎡
占地面积	合计：29823.99㎡ 北口广场：2253.59㎡ 南馆·塔A：8609.94㎡ 北馆·塔B·塔C：15760.24㎡ Grand Front大阪Owners Tower：3200.22㎡
建筑面积	合计：567927.07㎡ 北口广场：10541.59㎡ 南馆·塔A：188076.78㎡ 北馆·塔B·塔C：295511.60㎡ Grand Front大阪Owners Tower：73797.10㎡
结构	钢结构 一部分钢骨混凝土结构 一部分钢筋混凝土结构
层数	大阪站北口广场：地下2层 地上2层 南馆·塔A：地下3层 地上38层 屋顶构筑物2层 北馆·塔B：地下3层 地上38层 屋顶构筑物2层 塔C：地下3层 地上33层 塔楼2层
最高高度	北口广场梅北Ship Hall：13.350m 南馆，塔A：179.359m 北馆，塔B：175.211m 塔C：154.30m
工期	北口广场：2011年8月—2013年3月 南馆·塔A：2010年4月—2013年2月 北馆·塔B：2010年4月—2013年2月 塔C：2010年4月—2013年3月 Grand Front大阪Owners Tower： 2010年5月—2013年4月
新建筑刊登	2013年6月刊

大阪Station City

地址	大阪市中央区梅田3-1-1
业主	西日本旅客铁道
设计单位	【大阪站改良】西日本旅客铁道 JR西日本Consultants 协作设计：东环境·建筑研究所(高架下站部) 大林组(大屋顶 ·桥上 站厅·联络通道部) 监理：西日本旅客铁道 【North Gate Building】西日本旅客铁道 基本规划：西日本旅客铁道 日建设计(建筑) 三菱地所设计(地 域 冷暖气) 协作设计：大林组 广场监督：Don Design研究 所 监理：安井建筑设计事务所 西日本旅客铁道 【South Gate Building】安井·JR西日本顾问设计共同体 广场监督：Don design研究所 监理：安井建筑设计事务所 西日本旅客铁道
施工单位	大阪站改良：大阪站改良他工事特定建设工程联合体 North Gate Building：大阪站新北楼(临时名称) 新建筑工程 特定建设工 程联合体 South Gate Building：Active大阪 增量工程特定建设工程联合体
基地面积	58000㎡
占地面积	车站：29200㎡ North Gate Building：18800㎡ South Gate Building：8700㎡
建筑面积	车站：42300㎡ North Gate Building：218100㎡ South Gate Building：170500㎡
结构	钢结构 钢骨混凝土结构
层数	车站：地上5层 North Gate Building：地下3层 地上28 层 South Gate Building：地下2(4)层 地上16(28)层(括 号内是已有的部分)
最高高度	25.80m(大阪站改良)
竣工年份	2004年4月—2011年3月
新建筑刊登	2011年7月刊

梅田阪急大楼

地址	大阪府大阪市北区角町41
业主	阪急电铁
设计单位	日建设计
施工单位	大林组
基地面积	17465.64㎡
占地面积	15227.24㎡
建筑面积	329635.06㎡
办公面积	标准层(办公)：3718.59㎡
结构	钢结构 一部分钢骨混凝土结构 钢筋混凝土结构
层数	地下3层 地上41层 屋顶构筑物2层
最高高度	186.95m
竣工年份	2007年2月—2012年9月
新建筑刊登	2013年6月刊

上海 龙华中路站

地铁12号线

上海绿地缤纷城

地铁7号线

0   200m

上海绿地缤纷城

17 | P.070

地址	中国上海市徐汇区		
	斜土街道107街坊龙华路1960号		
业主	绿地集团		
设计单位	日建设计		
	共同设计：现代设计集团华东建筑设计研究院有限公司		
施工单位	上海市建筑施工总公司第四分公司		
基地面积	44357㎡	办公面积	79714㎡
占地面积	22178㎡	结构	钢筋混凝土结构
建筑面积	304910㎡		一部分钢结构
店铺面积	48000㎡	层数	地下3层 地上18层
	（仅含地上部分）		

日平均乘降人数
约**7**万人

🚋 上海地铁7号、12号线

　　上海绿地缤纷城位于上海市中心的西南，是黄浦江沿岸高端商业及住宅的再开发区域（黄浦江延伸段B区）的中心。基地内有地铁7号与12号线的换乘站。未来预测车站一天的使用者高达100万。地铁还在建设期间，地上部分的设计就已经开始。车站上部设施与邻近基地设施的一体化设计，以及与高品质区域相称的现代感空间，是本项目的最大特色。隔着黄浦江，绿地中心与对岸的世博遥相呼应。其今后的成长，也令人拭目以待。

重庆 沙坪坝站

地铁环线

三峡广场

地铁1号线

地铁9号线

龙湖光年　沙坪坝高铁站　龙湖光年

0   200m

龙湖光年

11 | P.044　　26 | P.110　　35 | P.144

地址	中国重庆市三峡广场南、站南路路北一带		
业主	重庆龙湖景楠地产开发有限公司		
设计单位	日建设计		
	共同设计：中国建筑西南设计研究院		
施工单位	重庆诚业建筑工程有限公司		
	中铁十七局集团有限公司		
基地面积	85120㎡	结构	钢筋混凝土结构 钢结构
占地面积	51072㎡	层数	地上43层
建筑面积	约480000㎡	最高高度	208m
店铺面积	约220000㎡	竣工年份	2020年（预定）

日平均乘降人数
约**40**万人

🚋 高速铁路/地铁1号线/地铁9号线/地铁环线

出处：沙坪坝的交通量（预测）调查/重庆龙湖景楠地产开发有限公司

　　沙坪坝是距重庆市中心以西10千米的城市副中心，也是重庆大学、重庆师范大学等教育机构云集的年轻人的街区。基地内有高铁及地铁车站，既能与长距离铁路的成渝线（成都—重庆）、襄渝线（襄阳—重庆）、辽渝线（辽宁—重庆）和川黔线（贵阳—重庆）连接，又能与已有的地铁1号线、新增的9号线及环线相连。项目的再开发，不仅整合了远距离及市内的公共交通，也将商业设施、办公、酒店和服务公寓等复合设施一体化设计。这个总建筑面积达48万平方米的项目，成为了沙坪坝区域新的地标。

广州新塘站

凯达尔交通枢纽国际广场

| 25 | P.106 | 36 | P.146 |

| 日平均乘降人数 约**30**万人 |

地址	中国广东省广州市增城区新塘环城路南、港口大道西一带
业主	广州凯达尔投资有限公司
	(Guangzhou CADRE Investment CO.,LTD)
设计单位	日建设计 共同设计：广州市设计院
施工单位	中国核工业华兴建设有限公司

基地面积	38697㎡	酒店面积	约35000㎡
占地面积	约20000㎡	结构	钢筋混凝土结构
建筑面积	约36000㎡	层数	地下4层 地上46层
店铺面积	约11000㎡	最高高度	252m
办公面积	约106500㎡		

🚆 地铁13号线／地铁16号线／地铁28号线／东莞R5线／城际2线／高铁3线
（广深、广汕、京九）

出处：新塘站的交通量（预测）调查 广州凯达尔投资有限公司

　　近年，新塘因为制造业被大家所熟知。同时新塘作为广州的东门，也是联结广州和东莞、深圳的交通网的中间节点。新塘站内有广深线、广汕线、京九线和穗莞深城际铁路，以及2018年开通的地铁13号线、16号线（联结新塘和广州市内）。

釜山站

釜山站广场

| 18 | P.074 |

| 日平均乘降人数 约**8**万人 |

地址	韩国釜山广域市东区草梁洞釜山站广场一带
业主	釜山市
设计单位	日建设计
	共同设计：GANSAM
施工单位	C＆D综合建设

基地面积	16662.90㎡	结构	钢筋混凝土结构
占地面积	11130㎡		预制混凝土结构
建筑面积	12340㎡	层数	地下1层 地上2层
创造中心、展馆	8130㎡	最高高度	9.5m
公共外廊＋平台	4210㎡	竣工年份	2019年（预定）

🚆 京釜高速铁路／地铁1号线

出处：铁道统计年报 2013年5月

　　釜山站于1908年投入使用，为韩国使用人数第二多的高铁站。1953年，辰野金吾设计的文艺复兴样式的站厅被烧毁。事故之后车站以钢筋混凝土结构重建，并在2004年为迎接京釜高速线开通而进行了扩建和改建。随着韩国铁道公社的京釜线和京釜高速线的直通运行，通过京釜线直通庆北线方面的Mugunfa号以及直通庆全线方向的南道海洋观光列车等也在此相互直通。隔着站前广场，釜山站还与釜山交通公社釜山都市铁道1号线的釜山站相邻接。

参考文献/插图·照片出处/执笔

【参考文献】

本书的记录内容来自2015年至2018年日建设计站街一体开发研究会活动成果的总结、实地调研的分析成果，以及以下参考文献。

・『駅まち一体開発～公共交通指向型まちづくりの次なる展開～』新建築社 2013年
・『都市のアクティビティ 日建設計のプロセスメイキング』新建築社 2017年
・『新建築』1962年6月号、1964年11月号、1972年1月号、1974年5月号、2011年3月号、2011年6月号、2011年7月号、2012年7月号、2013年6月号、2014年12月号、2015年9月号、2016年6月号、2018年3月号 新建築社
・『渋谷駅中心地区基盤整備方針』渋谷区 2012年
・ニュースリリース「渋谷駅周辺地区における都市計画の決定について」渋谷駅街区共同ビル事業者 2013年6月17日
・ニュースリリース「渋谷駅街区開発計画I期（東棟）への展望施設設置について」渋谷駅街区共同ビル事業者 2015年7月3日
・ニュースリリース「品川開発プロジェクトにおける品川新駅（仮称）の概要について」東日本旅客鉄道 2016年9月6日
・ニュースリリース「品川開発プロジェクト（第I期）に係る都市計画について」東日本旅客鉄道 2018年9月25日
・『鉄道建築ニュース』No802 鉄道建築協会
・東京都HP「都市再生緊急整備地域及び特定都市再生緊急整備地域の指定状況（平成30年10月現在）」
・『東京駅「100年のナゾ」を歩く 図で楽しむ「迷宮」の魅力』田村圭介著 中公新書ラクレ 2014年
・『鉄道における建築・土木複合構造物の構造検討報告書』平成20年3月鉄道における建築・土木複合構造物の構造検討委員会
・『75年のあゆみ（記述編・写真編）』阪急電鉄株式会社 1982年
・『逸翁自叙伝』小林一三 講談社 2016年
・『建築と社会』1932年2月号 日本建築協会
・「大規模開発地区関連交通計画マニュアル改訂版」国土交通省 2014年
・『歩行者の空間-理論とデザイン』ジョン・J・フルーイン著 鹿島出版会 1974年

【插图·照片出处】

［图H-1、图2-2］「渋谷駅周辺完成イメージ」渋谷駅前エリアマネジメント※
［图H-2、图Ch1-2・4、图1-1、图7-4、图12-5、图21-1・4・6～8、图29-1・3・4、图32-1・8・9、图34-1・2、图38-1］新建築社
［图T-2］スタジオさわだ
［图T-7、图46-1～11］永禮 賢
［图T-8］柄松 稔
［图T-10］東京ミッドタウンマネジメント株式会社
［大扉］羽仁 正樹
［Chapter1扉、图Ch1-1、图8-3、图13-1、图16-1・2、图20-3、图E2-3、图22-1・3、图23-1・2・4、图Ch3-6、图28-1・3・4、图Ch4-1・2・4、图32-2～4、图34-3・5～7、图39-4～6、图41-1・2、图43-2～6、图44-4、图H-3］エスエス東京
［图Ch1-3］IBAMOTO / PIXTA（ピクスタ）
［图1-2・3］「渋谷駅中心地区基盤整備方針」渋谷区・2012年※
［图2-1］ニュースリリース「渋谷駅周辺地区における都市計画の決定について」渋谷駅街区共同ビル事業者・2013年6月17日※
［图3-1、图12-4］『駅まち一体開発～公共交通指向型まちづくりの次なる展開～』新建築社 2013年
［图3-3］『都市のアクティビティ 日建設計のプロセスメイキング』新建築社 2017年
［图3-5］『東京駅「100年のナゾ」を歩く 図で楽しむ「迷宮」の魅力』田村圭介 中公新書ラクレ 2014年を参考に日建設計にて作成
［图4-1、图7-2］『駅まち一体開発～公共交通指向型まちづくりの次なる展開～』新建築社 2013年※

［图4-2、图4-6・7、图39-1～3］阪急電鉄株式会社
［图4-3］阪急文化財団所蔵資料
［图4-4］尼崎市立地域研究史料館所蔵
［图4-5］箕面市行政史料（個人寄託）
［图5-1］国際日本文化研究センター※
［图5-2・3］阪急電鉄株式会社※
［图5-5］©DAISUKE AOYAMA「大阪梅田鳥瞰図2013」くとうてん※
［图6-1］『駅まち一体開発～公共交通指向型まちづくりの次なる展開～』新建築社 2013年※
［图6-3］『75年のあゆみ（記述編）』阪急電鉄株式会社 1983年※『駅まち一体開発～公共交通指向型まちづくりの次なる展開～』新建築社 2013年※
［图7-1、图28-5］『都市のアクティビティ 日建設計のプロセスメイキング』新建築社 2017年※
［图7-3］横浜市市民局広報課写真資料 横浜市史資料室所蔵
［图9-1］『新建築』2011年3月号 新建築社
［图9-2・3］国土地理院 電子国土WEBシステム配信 空中写真※
［图W1-1、图W2-16、图W3-1、图W4-1、图W4-6、图In-15～18］Open Street Map※
［图W1-2］https://www.kingscross.co.uk/※
［图W1-9］Photo London UK
［图C1-1］東京都HP「都市再生緊急整備地域及び特定都市再生緊急整備地域の指定状況（平成30年10月現在）」※
［图E1-1］ニュースリリース「渋谷駅街区開発計画I期（東棟）の工事着手について」渋谷駅街区共同ビル事業者 2014年7月17日※
［Chapter2扉］ニュースリリース「渋谷駅周辺地区における再開発事業の進捗について」渋谷駅街区共同ビル事業者 2018年11月15日
［图Ch2-2、图12-1］犬塚石材
［图Ch2-8、图17-5］杨敏
［图Ch2-9、图17-1・6］胡文杰
［图Ch2-11］『新建築』2016年6月号 新建築社※
［图12-2・3］『新建築』2018年3月号 新建築社※
［图13-3］Rainer Viertlböck
［图14-1～4］TMO
［图15-3、图38-2・3］『新建築』2011年3月号 新建築社※
［图16-5］『新建築』2015年9月号 新建築社※
［图19-1］ニュースリリース「渋谷駅街区開発計画I期（東棟）への展望施設設置について」渋谷駅街区共同ビル事業者 2015年7月3日
［图19-2］「渋谷駅周辺完成イメージ」渋谷駅前エリアマネジメント※
［图19-3］ニュースリリース「渋谷駅周辺地区における再開発事業の進捗について」渋谷駅街区共同ビル事業者 2018年11月15日
［图19-6］ニュースリリース「渋谷駅街区開発計画I期（東棟）への展望施設設置について」渋谷駅街区共同ビル事業者 2015年7月3日
［图21-2・3・5］『新建築』2016年6月号 新建築社※
［图21-10］田中智之（TASS建築研究所／熊本大学）
［Chapter3扉］メディアユニット大野繁
［图Ch3-8］川澄・小林研二写真事務所
［图24-3］ニュースリリース「渋谷駅周辺地区における都市計画の決定について」渋谷駅街区共同ビル事業者 2013年6月17日
［图25-3］広州市増城区人民政府网站※
［图25-5］広州市増城区人民政府网站 新塘鎮総体规划※
［图29-5］川澄・小林研二写真事務所
［图E3-1］「大規模開発地区関連交通計画マニュアル改訂版」国土交通省 2014年※『歩行者の空間-理論とデザイン』ジョン・J・フルーイン著 鹿島出版会 1974年※
［图E3-3・4］ピーディーシステム作成「井の頭線吉祥寺駅改修計画案に対する群衆流動解析報告書」より
［Chapter4扉］メディアユニット大野繁
［图Ch4-3、图33-5・1・2］東日本旅客鉄道株式会社
［图33-3・4］ニュースリリース「品川開発プロジェクトにおける品川新駅（仮称）の概

※ 未特別提及图片为日建设计制作・拍摄。

※ 标有 * 记号的图片为日建设计基于原图制作。

【执笔】

中分 毅
《城市更新和TOD》执笔。1954年生于东京。1979年入职日建设计。
现为高级顾问。

日建设计站城一体开发研究会

陆 钟骁
研究会总负责。1966年生于中国上海。1994年入职日建设计。
现为执行董事。设计总部总建筑师兼全球运营总部(中国区)总裁。

向井 一郎	编辑委员长。1964年生于兵库县。1989年入职日建设计。现为设计部长
丁 炳均	编辑委员。1973年生于韩国蔚山。2004年入职日建设计。现为设计主管
大场 启史	编辑委员。1968年生于东京。1990年入职日建设计。现为设计主管
登内 彻夫	编辑委员。1968年生于长野。1994年入职日建设计。现为设计主管
清水 有	编辑委员。1981年生于埼玉。2006年入职JR东日本建筑设计事务所。2016年-2018年暂调日建设计。现就职于JR东日本建筑设计事务所枢纽开发部门
上野山 健太	编辑委员。1982年生于大阪。2014年入职日建设计。现属设计部门
布江田 望月	编辑委员。1990年生于大阪。2015年入职日建设计。现属设计部门
祖父江 一宏	《未来的TOD》负责人。1982年生于爱知县。2009年入职日建设计。现属设计部兼NAD室
上田 孝明	《未来的TOD》负责人。1981年生于兵库县。2017年入职日建设计。现属NAD室
宫泽 圭吾	《未来的TOD》负责人。1982年生于东京。2018年入职日建设计。现属NAD室
川除 隆广	《专栏4》负责人。1968年生于京都。1995年入职日建设计。现为日建设计综合研究所高等研究员
马 骁骦	中文版编译。1988年生于中国郑州。2014年入职日建设计。现属设计部门
赵 维雍	中文版编译。1989年生于中国沈阳。2016年入职日建设计。现属设计部门
周 燕	中文版编译。1970年生于中国上海。2018年入职日建设计。现属设计部门
段 玥静	中文版编译。1989年生于中国北京。2017年入职日建设计。现属设计部门
吉田 雄史	《专栏4》负责人。1970年生于东京。1996年入职日建设计。现为日建设计综合研究所主任研究员
牧野 晓辉	1962年生于上海。2003年入职日建设计。现为全球运营总部(中国区)部长
郭 晓峰	1973年生于中国西安。2004年入职日建设计。现为日建设计(上海)董事・总经理
段 晓崑	1977年生于中国青岛。2008年入职日建设计(上海)。现为日建设计(上海)市场部总监
王 嘉和	1976年生于中国西安。2006年入职日建设计。现为全球运营总部(中国区)北方区域总经理
刘 存泉	1978年生于中国福建。2005年入职日建设计。现为日建设计(上海)设计副总监
大和田 卓	1988年生于横滨市。2015年入职日建设计。现属设计部门
杉浦 舞	1991年生于爱知县。2016年入职日建设计。现属设计部门
手钱 光明	1992年生于岛根县。2016年入职日建设计。现属设计部门
俞 思维	1990年生于中国上海。2016年入职日建设计。现属设计部门
徐 新尧	前职员。1981年生于台北。2016年入职日建设计。
杉山 玄	1989年生于加拿大温哥华。2015年入职日建设计。现属设计部门
村松 秀美	1987年生于茨城县。2012年入职日建设计。现属设计部门
张 健	1970年生于中国吉林。2005年入职日建设计。现为设计部门主管
郭 蕴琛	1977年生于山东烟台。2004年入职日建设计。现为设计部门主任
沈 洋	1980年生于中国上海。2007年入职日建设计。现为设计部门主任
鲁 斌	1981年生于中国河南洛阳市。2012年入职日建设计。现为设计部门主任
李 颖	1983年生于中国山西。2011年入职日建设计。现属设计部门
朱 君慧	1971年生于中国上海。2011年入职日建设计。现为中国部主任
刘 超	1984年生于安徽。2015年入职日建设计。现属都市设计部门
袁 硕	1987年生于中国北京。2013年入职日建设计。现属设计部门
张 昊	1989年生于中国山西。2014年入职日建设计。现属设计部门
李 双	1989年生于中国湖南。2013年入职日建设计。现属设计部门
周 奇	1986年生于中国江苏。2013年入职日建设计。现属设计部门
程 昆鹏	1986年生于中国辽宁。2016年入职日建设计。现属设计部门
张 奇岱	1982年生于中国上海。2017年入职日建设计。现属设计部门
邱 绍峰	1978年生于中国台北。2018年入职日建设计。现属设计部门
小川 春奈	1977年生于高知县。2016年入职日建设计。现属设计部门

图书在版编目 (CIP) 数据

站城一体开发 . II : TOD46 的魅力 / 日建设计站城
一体开发研究会编著·译 . — 沈阳 : 辽宁科学技术出
版社，2019.8（2021.8 重印）
　ISBN 978-7-5591-1176-0

　Ⅰ . ①站… Ⅱ . ①日… Ⅲ . ①城市规划—建筑设计
—案例 Ⅳ . ① TU984

中国版本图书馆 CIP 数据核字 (2019) 第 084769 号

出版发行：辽宁科学技术出版社
　　　　　（地址：沈阳市和平区十一纬路 25 号 邮编：110003）
印 刷 者：上海利丰雅高印刷有限公司
经 销 者：各地新华书店
幅面尺寸：182mm×257mm
印　　张：13
字　　数：300 千字
出版时间：2019 年 8 月第 1 版
印刷时间：2021 年 8 月第 3 次印刷
责任编辑：胡嘉思
封面设计：ujidesign　李　莹
版式设计：ujidesign　李　莹
责任校对：周　文

书　　号：ISBN 978-7-5591-1176-0
定　　价：120.00 元

联系电话：024-23284365
邮购热线：024-23284502
http://www.lnkj.com.cn